听，花园的声音

兔毛爹 主编

长江出版传媒　湖北科学技术出版社

绿手指的故事

　　花园里不仅有虫鸣、鸟语，还有熟果落地、晨露入塘，以及风带着种子起飞的声音。除了天籁，我还会听到巧妇插花、厨娘备茶，以及大人谈天，或者给孩子讲故事的嘈杂人声。这些声音一如阳光下的日晷，时刻提醒着闲坐在美好光阴中的我，莫负了与家人、朋友一起共度的静好岁月。

　　六年前，我家尚住在北京郊外的旧居。时值兔毛（我女儿）最喜欢听故事的年纪，也许是因为我和她都喜欢花园，所以，我最喜欢讲的，她也最喜欢听的，莫过于童话故事《绿拇指男孩》了。

　　这个故事讲的是：一个叫弟嘟的法国男孩无意中发现自己拥有一只可以点"石"成"花"的"绿手指"。于是，他背着大人将监狱的围栏"点"成了花架，又让军火商父亲制造的枪膛和炮膛里开出了漂亮的忍冬花来（因之，避免了一场战争，也差点儿让父亲的兵工厂倒闭）。然而，最终，这个小淘气鬼的"诡计"还是被精明的父亲识破了。于是，父子俩就合计着将兵工厂改造成了花工厂。

　　花工厂的运作十分成功，鲜花是被整车厢整车厢地运到城里的，有些人用鲜花帷幔做壁纸，有些人用鲜花地毯装饰公寓，更有甚者要求用鲜花包装整座整座的摩天大厦。

　　每读至此，我都会对兔毛说："我真期待鲜花也是整车厢整车厢地运到咱家的，如是，咱家的后院儿就可以每天都春意盎然了。"兔毛听完也会答："爹，您别急！明天，我去幼儿园找找，要是有这样的小朋友，我一定把他带回家！"聊到这儿，我也总是莞尔一笑，心里想：在现实中又怎会有这般的"绿手指"存在呢？

　　后来，童年的兔毛变成了少年的兔毛。为了应对日趋繁重的课业，我把每晚讲故事的时间变成了辅导作业的时间。于是，我们的睡前关系就变得紧张而微妙了起来。我总是暗示她：在现实的世界里只有勤奋和耕耘，并不存在童话中的魔法。日久天长，兔毛逐渐习惯了所谓的"现实"生活，很久很久，她都没再缠着我给她讲小弟嘟的故事了。我想，我和她正慢慢地将只能存在于童话中的"绿手指"和"花工厂"遗忘。

然而，不久后举行的一次花园派对却重新勾起了我对于小弟嘟的记忆，因为我邻座的女士自我介绍说：她来自武汉，供职于一个叫"绿手指"的园艺编辑部。听到这儿，我惊诧得差点把自己的下巴掉到眼前的蛋糕盘里。当时我想：我今天不会是遇到了小弟嘟的亲姐姐吧？这件事听起来着实有点儿荒诞离奇！听完介绍，我主动和她握了握手（其真实目的是想近距离看看她到底有没有长着传说中的"绿手指"）。女编辑的手，除了优雅、微胖外并无其他，但我却打心眼儿里坚信：她就是我那个似曾相识的魔法姐姐！

当日，我俩互通了微信。此后，亦被她"怂恿"，阅读了"整车厢整车厢"都运不完的绿手指丛书。就这样，我和编辑部的关系越走越近，也因此结识了很多和我一样爱读书的园艺爱好者。三年前，在这个魔法姐姐的召集下，我们成立了绿手指读书会（线上），大家相约：一起读书，一起分享，一起种花，一起进步。

和高手们聊天的确是一种享受，聊着聊着就有了不凡的格调和不平庸的眼睛。听得多了，大家的手指尖上就全都有了小弟嘟式的魔力。自此，一座座原本只属于园艺书中的蔬菜花园、露台花园、沙漠花园，就有若新笋般，在皖南的古镇、湖北的天台、新疆的戈壁上悄然生长出来了。

去年隆冬，我们终于有了"梅岭论花"的机会（绿手指年会在武汉举行）。在觥筹交错间，大家笑谈：一定要把平时聊过的那些"我折腾园艺，园艺折腾我"的趣事全都记录在一本装帧精美的书里，并以此为乐，分享给散居在岭南之南，或者漠北之北的，与我们有着同样爱好的花园园主们。我们想用这本书对全天下的园艺爱好者说：拥有"绿手指"的人是幸福且不会孤独的，因为，我们可以联合起来像小弟嘟和他父亲一样——用鲜花改变世界！

今年仲夏，这本书的初稿就已放在我书房的案头上了。它收录了15位中国花园主人的园艺故事，其中不乏让人忍俊不禁的幽默片段。比如，"PLANTS DREAM"的掌门人张彩虹是怎样在一个面朝大海的鹊巢下发现了那座足以让诗人海子也羡慕不已的绿屋，而花园大赛获奖者花不语的头像又是如何被她女儿画在自家门上当"门神"的……

11岁的兔毛有幸成了这本书的第一位读者，我见她读得认真，就逗她说："兔毛呀，今晚咱们把辅导作业的时间再改回讲故事的时间吧，咱俩儿再聊聊你所知道的小弟嘟和我所知道的'绿手指'好不好？"兔毛听完兴奋异常，她呵呵笑答："当然好！"

在这一笑间，
少年兔毛的脸上再次浮现出了童年时的灿烂。
而我呢？
此时的我，又是多么怀念，
和她一起在旧居的花园里，
听蝉、捉虫、放风筝的静好岁月！

兔毛爹 2018年 夏末

搁笔于 新兔毛花园

目 录

CONTENTS

愿借天风吹得远 家家门巷尽成春

——在扬州看"玩家"的花园同居生活

文 / 兔毛爹　　图 / 侯　晔

兔毛爹，本名彭已名。北京土著，生于"后文革"时代。旅行家、园艺爱好者、摄影爱好者、自由撰稿人。著有《我承诺给你的美丽新世界》《园居的一年》。

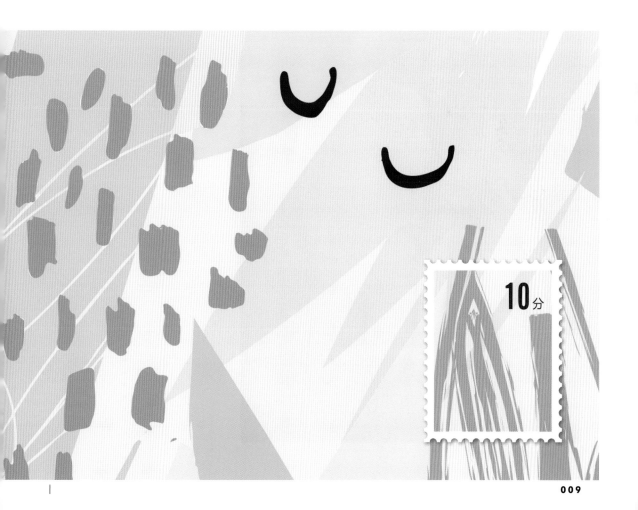

10分

　　飞猫乡舍在扬州园艺界可谓是无人不知，无人不晓。它的男主人叫飞猫，女主人叫侯爷（当地知名的花园设计师）。扬州人说，哪里有飞猫，哪里就有花园江湖。而我说，哪里有花园，哪里就一定有侯爷和她的女友们的叽叽喳喳。

飞猫乡舍主人：飞猫与侯爷

飞猫乡舍一景

　　侯爷本名侯晔，是个好吃辣椒的湘妹子。因性格泼辣，好种花，好交朋友，亦好在自己的花田里对酒当歌，所以被性格若水的扬州女子们尊称为"爷"。

　　别人称她为"爷"，她却从不把自己看作是"爷"，她认为自己是"王"，是这片3000平方米花园中的女王。为此，她特地在乡舍的墙上安了面"魔镜"，每个周末收工的时候，她都会对着镜子问："魔镜，魔镜，我问你，花园里谁最美？"镜子答："女王您最美！"于是，她又会问："魔镜，魔镜，我再问你，还有谁和我一样美？"镜子再答："还有您的女友们也一样美。"侯爷听完这话会抿嘴一乐，即刻打电话招呼那些和她自己一样美的女友们来乡舍里咂酒对唱。

侯爷与她的女友们

　　如是，在多少个"天下三分明月夜，二分无赖是扬州"的美妙夜晚，侯爷就在自己的花田里和她身边这些如花的女子们一边喝着强嫂酒坊里自产的美酒（强嫂酒坊是侯爷家的自酿酒坊），一边不着四六地聊着她们自己的花、花园和眼前这番花前月下的生活。

　　日久生情，这六个情投意合的"花妹子"干脆就在这花田里"拜把子"成了干姊妹，自此后，她们就愈发理直气壮地把飞猫乡舍认作了自己的家。

　　然而，长期奔波于城里和郊区的生活还是让她们感到了厌倦，于是，她们怂恿侯爷租下了邻居的房子，其后，六姊妹各显神通，仅用了两个月的时间，就将这套三房一厢的苏北民居扩建成了带有三个跨院、五间卧室和一个大厅的田园大宅。

房子造好了，花妹子们各自分得了属于自己的卧室。之后，她们开始琢磨：该给这房子起个啥名好呢？

大姐说："这里像极了家，却又不是咱们赖以生活的地方……"

二姐说："这里像极了咱们儿时玩过的那种游戏，叫做'过家家'！"

最后，还是心直口快的六妹给这房子定了"性"。她说："既然像极了儿时游戏里的家，那就叫它'玩家'吧！"

"玩家"这个称号一出，众人皆举手赞同。无所不能的侯爷，很快就像变戏法似地变出了一块写着"花园玩家"的门牌，并认认真真地钉在了院子里最显眼的地方。

"花园玩家"的门牌

• • • • • • • • • • • • • • • • • •

然后呢？就没有然后了。自此，她们六姊妹就傍着这片迷人的花田，过上了快乐的、令人羡慕的、幸福的、独乐乐不如众乐乐的"花园江湖"生活。

针茅草

飞猫乡舍

出于对"花园江湖"的共同爱好，也因为想去看看这些花妹子在不经意间打闹出来的"玩家"，在5月访问了威海的花园之后，我将我探访中国最美私家花园的第二个目的地定在了扬州。临行前，我给侯爷打了个电话，问："现在已是初夏，你的花园尚未进入休眠期吧？我去了还有得看吧？"侯爷在电话那头莞尔一笑，答："你尽管来，我的花园什么时候都有得看！"

就这样，我跨越了汴水、泗水、金山、吴山，最终在6月3日太阳落山之前，叩开了位于瓜州古渡之北（扬州郊区）的乡舍的大门。虽然事先早有准备，也看过诸多有关这个花园的图片，但是，一走入这片3000平方米的花田，我的内心仍旧被它的磅礴气势所震撼。

此时，门前花钵中的针茅草正随风摇曳，那条著名的绣球小道牵引着我的目光探向更远处的玫瑰花丛。花丛边的粉墙之上开满了月白色的矮牵牛花，而在侯爷亲手打造的英式花架上盛开着的则全都是夏日里最后的，浅蓝色或者是深紫色的铁线莲。

铁线莲

· · · · · · · · · · · · · · · · ·

　　侯爷就站在这花架下，等待着我的到来。她脚下那一大片一大片娇艳欲滴的虎耳草和矾根，更让我镜头中的她有了熠熠生辉的"花园女王"的风范。

　　在她身后，那些花一样的女友们，也正从"玩家"的小院里鱼贯而出，她们都争先恐后地想看看，这个在夕阳下闯入了"女儿国"的男人到底是谁。她们的目光，让我感到了一丝久违的害羞。于是，我匆匆忙忙地和她们打过招呼后，就借着要去拍照片的幌子和侯爷一起踏上了巡园的小路。

　　乡舍的花园虽然辽阔，却并不显得空旷。其精妙之处在于：布局有序，张弛有度。侯爷介绍说，她的花园分前后两大部分，共8个区域。

　　其中，前花园的800平方米包括了6个区域：厨房前的早餐区，草坪、童话木屋中心区，可以打篮球也可以看露天电影的休闲区，多肉陈列区，烧烤区，蔬菜种植区和鸡舍。

　　后花园虽有2000平方米之广，却仅有玫瑰园和由玫瑰丛环绕的巨大风亭，这里被用来举行"花聚"和盛大的派对。

　　前花园的6个区域虽功能繁多，但占地面积却只有花园总面积的1/4。在这里，侯爷采用了精致、紧凑的园中园（outdoor rooms）的做法，在各区域间以植物、水系或花境加以分隔、连接，给人以移步换景、曲径通幽的奇幻感觉。侯爷在每一间园中园的拱门内都设计了可爱的端景，比如，中心区内穿着粉色内衣的花女郎，又如烧烤区内那个托斯卡纳风格的灶台等。这些端景不仅吸引着人们移步探访，更表明了每个区域的不同主题。

花园拱门设计

　　英国园艺家托马斯·莫森认为"花园的布置应该由一系列部分组成，而不是能一眼望尽的全景。艺术就是要唤起好奇心，让人无休止地去探索，在不断的新奇中获得愉快"。从前花园的布局看，侯爷已把托马斯·莫森的这一理论运用到了极致，走在这让人目不暇接的6个区域里，就像是步入了一个巨大的园艺迷宫。

　　然而，当我穿过了由多个爬藤架组成的攀缘植物走廊进入粗犷的后花园，我的眼前即刻就豁然开朗了起来：一望无际的玫瑰花田让人联想到的是与世无争的静好岁月，而夕阳下矗立在花丛中的巨大风亭和那些随风飞扬的风帘，则仿佛再现了洛可可派名画《秋千》里的张扬色彩和无限活力。这种一紧一松、一张一弛的设计使整个花园有了自己的独特韵味，它宛若一张墨迹未干的横轴大画，正慢慢地展开在可以望得见吴山点点的瓜州北岸。

开阔的后花园

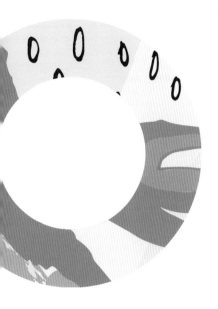

"为什么会采用这种前紧后松的设计方案呢？"我问。

侯爷答："做花园如作画，不可均匀下笔，要学会留白。前花园是让人欣赏的，所以要做得若行云流水，给人一种目不暇接的紧凑感。走到后花园的时候，人就审美疲劳了，再好的东西也懒得看了。所以此时，要记着给花园留白，让欣赏者有喘息的机会。唯此，才会让前面精彩的地方更精彩。而留白的地方也不能全都是'白'，所以我在此处筑亭，让欣赏者有机会在亭中驻足回望，慢慢体味方才路过前花园时那种移步换景式的美妙感觉。"

聊到此，我对侯爷已经佩服得五体投地了，心说：难怪扬州人尊她为最好的花园设计师！于是，我接着问："那么，你是如何保持花园里的植物长盛不衰的呢？"

侯爷笑了笑答："你以为我真是花园女王，有着'报与桃花一处开'的本事？刚才说过，前花园是800平方米，后花园是2000平方米，那么，还有200平方米我没介绍，它就是我的'后场'（植物休整区），也是我可以像变戏法似地让花园保持常绿常新的秘诀所在！"

我提出要参观她的后场，她一脸神秘地说："那儿是我出'大招'的地方，除了我老公，任何人都禁止入内。"

看我略微有些失望，侯爷安慰我说："后场像医院，里面住着的都是些等待着我妙手回春的残花败草。不如，我带你去看看我们'玩家'吧，那可是由六个有故事的房间组成的。"

沐浴在阳光下的花园

"玩家"和六姊妹的新群居时代

提到"玩家",我眼前一亮,于是,跟着她走进了那栋沐浴在夕阳中的浅蓝色田园大宅。一切正如侯爷所说,这六个房间代表了六个梦,虽然大家"睡"在同一屋檐下,但不同年龄的人却选择了不同的梦境和不同的色彩。

大姐的梦是蔚蓝色的,她的卧房带有独立的小院,院墙上画着圣托里尼岛和蔚蓝色的大海。二姐的梦是银白色的,因为她的窗前挂着各式各样的星星。三姐的梦是小麦色的,她的卧房保留了农舍房顶原有的七架梁结构。三姐将自己的房间命名为"米仓",她说,她可不愿像老大一样四处闯荡,她是个最爱在厨房里忙活的巧厨娘。老四的梦是水墨色的,而她的房间呢,则被她描绘得像一幅气韵优雅的《山居图》。老四说,她最喜欢的生活方式就是在小院里"自锄明月种梅花"。

侯爷自己排行老五,她说,她喜欢做白日梦,所以,她的梦是彩色的。玩家的大厅就是她的工作室,在这儿,她描绘了无数张唯有在梦境中才会出现的花园图画。

六妹的梦是"黑白"的,也是反差最大的。据说在装修之初,她不仅拒绝粉刷墙壁,要求保持工业风的水泥墙,更拒绝在自己的卧室内安装任何与现代有关的工业产品,甚至连电灯都没有。她请人依古法"盘"了一个火炕,以期用这种古老的寝具梦回到人类曾经拥有过的、简单而又踏实的生活中去。然而,这个貌似冷淡的女人,却出乎意料地在自己的卫生间里装了一个玻璃穹顶,她说,即使在身陷困境的时候,也不能忘记仰望星空。(注:部分内容摘自《新华日报》2017年3月29日刊登的文章《新群居时代:以花园的名义》,引用时有少许改动)

夕阳下的风亭

此时，夕阳正从"玩家"的房脊上缓缓落下，远处的风亭里传来一阵钟声。侯爷说："开饭的时间到了，为你接风的'花聚'就要开始了！"原来这钟声是"玩家"的暗号，当钟敲三响，所有人就会停下手里的活计齐聚到开派对的地方。用侯爷的话说：园子太大了，光靠扯着嗓子喊是没用的。

在"玩家"停留得越久，我就越对她们的这种群居的生活方式感到好奇。那么，她们到底是何许人也？又为何会聚到一起呢？带着诸多的疑问，我紧随着侯爷的脚步，来到了布满法国月季的餐台前。这种月季叫'蜂蜜焦糖'，是布置餐桌的绝好花材，而这般秀色可餐的"焦糖"，又怎能不叫花前的我们食欲大开？

此时，那些婀娜的女子们已经落座，她们彬彬有礼地向我举杯，杯杯都是侯爷家自产的烈酒。我心里当然明白，她们的目的并不是为了表达敬意，而是要用最快的速度把我灌倒。好在，这坛新酒尚不算醇烈，才让我勉强抵挡住了主人们对我最初的"好言相劝"。

· · · · · · · · · ·

　　酒过三巡，我已不再有初见时的害羞与腼腆，而花妹子们的脸上亦已初显了微醺的红晕。于是，我们之间的话题也随之变得轻松和随意了起来。借着酒劲儿，我问她们是否愿意聊聊她们的"玩家"，以及她们的这个以花园为名义的"新群居时代"。

　　心直口快的六妹听完笑着说："这有啥好聊的？我们的相识全都归功于我！我家的花园就是侯爷花园设计的处女作，巧手的五姐不仅帮我设计了我那只有15平方米的微花园，还帮我将车库改造成我现在最钟爱的私人咖啡厅兼写作间（六妹是记者），自此呀，我这些爱花的姐姐们就像蜜蜂似地闻着花香飞进了我家的花园。"

　　没等六妹说完，大姐就迫不及待地插话说："我和六妹住在同一个小区，我其实才是那个小区里最早玩花园的人，可玩了好几年却总觉得自己的花园有些说不出的缺憾。后来，无意间看到了五妹给六妹做的设计方案，我才恍然大悟，原来我家的花园在布局上存在着明显的缺点！从此，六妹的那间咖啡厅就成了我们讨论花园改造和花园配植的根据地。随着我们的花园越来越美，来咖啡厅里喝咖啡的人也就越来越多，直到人多得坐不下的时候，我们就不得不把根据地搬到植物更多、花园更大的飞猫乡舍里来了。"

　　一提到飞猫乡舍，三姐就乐得合不拢嘴。她笑呵呵地说："我体量大，就喜欢哪儿都宽敞的地方。这儿，不仅花园大，厨房也大！不仅有咖啡喝，还有一周一次的'花聚'大派对。这儿，让我觉得敞亮！"

　　此时，二姐举杯接话说："虽然我们每个人都在城里拥有自己的花园，但是，来

· · · · · · · · · · ·

飞猫乡舍的次数越多，我们就越对五妹在乡下的这种无拘无束的生活产生了痴恋。而你所看到的'玩家'呢，则刚好就是我们六姊妹从独乐式的城市花园生活过渡到众乐式的乡村花园生活的跳板。"

可是，人，怎么会有从独居到群居的跳跃呢？

二姐想了想接着答："因为人类本来就有彼此依赖的特质。人类唯有生活在一个文化相同、志趣相同、价值观相同的社群里的时候，才能真正地感觉到适度的环境给身心带来的放松和愉快。"

二姐边说边把杯中的酒干了，随后用扬州话对我说："我麻溜了（干了），你随意啊！"我站起来苦笑着反问："'随意'到底是何意？莫不就是你刚才所谓的'适度的环境'吧！你真的认为'随意'可以给我（或者我们）的身心带来放松和愉快？"

说完，我也麻利地把自己杯中的酒"麻溜"了，然后，我就酒不醉人人自醉了。在沉醉之前，我依稀听见这六姊妹还在讨论"随意"和"环境"，也依稀听见仿佛是六妹在说："种子变花海，只需一阵春风……"

明年的春风是否会准时来到那夜我到访过的"玩家"庭院，而庭院的旁边又是否真的会出现一片她们所说的花海呢？我想，这是当时的我最想问的问题。然而，当时的我已经沉醉，沉醉得忘记了提问。我猜，当时的她们也已经沉醉，沉醉在那夜，明月照耀下的瓜州北岸。

花园过道

"自锄明月种梅花"的梅庐

次日，钟敲三响，我和花妹子们再次齐聚到了早餐桌前。席间，我提出想参观一下她们各自的花园，她们爽快地答应了我的要求。于是，我匆匆地告别了"乡舍"，和姊妹们一起走进了风荷摇曳的扬州城。

大姐家的花园依旧是淡蓝色的，坐在她的茶亭里，既可听到柳莺的清唱，也可闻到满园的花香。六妹的咖啡厅则很像是电影《廊桥遗梦》中罗伯特·金凯和女主人相拥共舞的温馨小屋，屋中一切都和她在乡下的那间"冷淡"风格的卧室形成着鲜明的反差。究其原因，六妹洋洋得意地说："人，本来就会有双重甚至是多重性格，只有生活在不同的空间、不同性格里的人，才能算是活得刺激、有趣和丰富多彩！"她的回答让我感到惊诧，也让我对年轻人所特有的生活观深感不安。

然而，半杯冰咖啡喝下肚以后，我的心绪很快就从对于别人的不安转变成了对自己的无奈。我问坐在身边的侯爷："为什么大姐可以拥有一间不对外开放的私人茶亭，六妹也可以拥有一间不对外开放的私人咖啡厅，而我呢，除了一间不对外开放的私人卧室以外，就好像一无所有了！难道我的'浮生'里，就注定都是梦吗？"

侯爷听得忍俊不禁，她笑着说："兔毛爹莫急，我即刻就带你去看扬州城里最励志的花园，看过之后你就会明白，即使在只有'卧室'大的空间里，也依旧可以造出一座堪称经典的中国花园！"

侯爷所说的励志花园，就是四姐所住的梅庐。

梅庐隐在扬州的深巷里，院落总面积100平方米。北侧有两间卧房，中间是25平方米的中庭，南轩为琴室兼客厅，轩上有一座约20平方米的屋顶花园。

该院的大门开于东墙，墙上有檐，檐下有廊，落雨时，雨水自房檐落入阴井，巧妙地再现了古代民居"四水归堂"的闲趣，而行于廊下的主人即使不撑伞亦可从南轩走回北侧的卧房。

叠于西墙下的假山，刚好与东门相望。所以梅庐虽小，却依旧不失"开门即见山，面山如对画"的风雅。西墙下的假山是梅庐中最值得赏玩的地方，它起于南轩门口的

梅庐精致的假山

踏步石，贴墙而走，向西延伸，再北转，止于北墙窗下，全长约7米，高约2.5米，占地约6平方米，是典型的"扬派叠山"。

相对于"苏派叠山"讲求的瘦、漏、透、丑，"扬派叠山"更注重山形的整体之美。因此，"扬派叠山"通常体量较大，不仅要以巨石营造作为前景的"近山"，还会用片石在墙壁上贴出具有象征意义的"远山"，以追求近大远小的透视感。

前面讲过，梅庐的中庭只有25平方米，在如此狭小的空间内构思出如此复杂、精致的假山，的确可以说是不可多得的佳作了。然而，更为难能可贵的是，在它的"近山"（前景石）和"远山"（贴壁石）之间，竟然还夹藏有一条自中庭通往屋顶花园的蹬道，这般宛若天成的设计使这件叠山艺术品不仅有了观赏性，还兼具了功能性，其构思实可谓妙不可言！

"这山叠得妙呀！"我一边感叹一边向主人询问这是谁的作品。四姐笑答："此乃扬派叠石大师方惠先生之大作是也。"我听完丝毫不感到诧异，因为观其手法，绝非出自凡夫俗子。

"能请得动方大师，您可出了大价钱喽！"我再叹。四姐再答："方大师分文未取！"见我面露疑惑，四姐就请我们进轩，然后，边沏茶边给我们讲述了一个"螺蛳壳里做道场"的故事。

原来四姐和方大师本是朋友，听说她要修园子，方大师就主动请缨给她当了参谋。在改造中，如何设计连接屋顶花园的楼梯成了最棘手的问题。南轩面积只有20平方米，想要在屋内建楼梯显然是不现实的。于是，四姐向方大师问计，可否在屋外做蹬道，引曲径上高"房"。不过，她担心中庭本已狭窄，再做叠山是否会有太过拥挤之嫌。不想，方大师却笑答，唯有能在螺蛳壳里做道场的（法师），才足以被别人叫一声"师傅"！

事实上，在如此狭小的空间里做"道场"，对于方大师来说也是平生第一次，所以在动工之前他也经过了审慎的思考。比如，他将山体尽量设计成贴墙或抱墙的形状，甚至连蹬道下方的空地也被他巧妙地改造成了洗手间。

一旦考虑成熟，他就出手如闪电。如此体量的工程，仅耗时四日就一气呵成了。虽然已经完工，但方大师对自己的作品精益求精，次年又花费了两日的时间对贴壁的部分进行了再创作。如此，他才心满意足地宣布这座叠山算是大功告成了！

听了四姐的讲述，我不免心生感动。感动我的不是方大师技艺的精湛，而是叠山者的匠人精神！我在心中默默地尊称他一声"师傅"（在我心目中，"师傅"远比"大师"更伟大）。我想，有师傅在，古老的中国园林文化虽然会暂时地缓进或停滞，却永远都不会真正地走向没落和衰败。有四姐这样有担当的主人在，我们曾经自认为已经消失了的中国式园林生活就一定会以最自然而然的方式重新回到我们中国人的身边。

告别了梅庐，我和姊妹们踏上了返程的汽车。在途中，我问侯爷："你们的'玩家'还准备扩大吗？可否也给我租间房，让我也过上几年'采菊东篱下，悠然见南山'的生活？"侯爷笑答："扬州附近已经无地可租了，即使有，租金也太贵，不再适合种花了。"

见我满脸的无奈，她又话锋一转说："不过，最近，我们正筹划在贵州的六盘水承包一座荒山，然后，把'玩家'迁到那里，并在'玩家'的基础上将它升级成为中国的第一个'花园公社'。目前，已有58人参加到我们的计划中了，你是否愿意成为我们的第59个准社员呢？"

中国的第一个"花园公社"？我再次被侯爷的大胆设想所震惊，我问："在你心目中，这个'公社'到底应该是个什么样子呢？"她说："假如条件允许，我们会把山顶改造成一个花园牧场，牧场中不规则地散落着社员们的花房。"

她停了停接着说："我们会在向阳的缓坡上开一条之字形的车道，再像新罕布什尔州的塔莎奶奶一样在车道的两旁种满羽扇豆、矢车菊、向日葵和薰衣草。不过，我们可不想像塔莎奶奶那样孤独地离群索居，我们要在山顶风景最好的房间里一起煮饭，一起读书，一起坐在露台上，等着我们已经长大的孩子们，驾着他们嫩粉色抑或是火红色的敞篷跑车，在夕阳的余晖里，驶过那条绵延在半山腰色彩斑斓的之字形

梅庐一角

'花溪'回家。"

听到此处，我想我终于理解了身边的奇女子们这些年来的奋斗与追求。从飞猫乡舍到"玩家"再到"花园公社"，侯爷和她的五姊妹们试图寻找的不正是我苦苦追求而不得的、"新桃花源"式的、现代的、带有理想主义色彩的、新中国式的群居生活吗？

愿借天风吹得远，家家门巷尽成春。

下车的时候，我已成为花园公社里的第59个准社员。因为我想，人这一生总该鼓足勇气，为了初心，去做一件"不靠谱"的事，或者，做一回"不入流"的人吧。还是六妹说得好：种子变花海，只需一阵春风。

心之所往 春暖花开

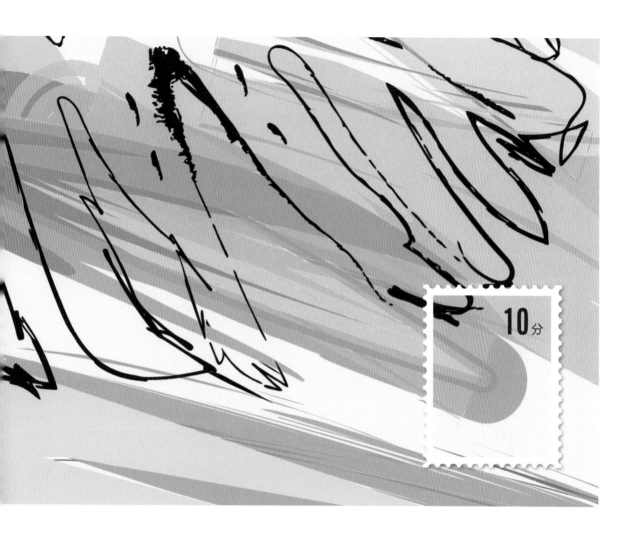

图、文 / 张彩虹

彩虹花园园主，"PLANTS DREAM"品牌创始人，《美好家园》杂志园艺大赛私家花园大奖获得者。"PLANTS DREAM"品牌致力于传播生活美学理念，开发、设计与生产生活美学产品，2018年受邀参加东京玫瑰展。

爱上花园可以有无数个理由，但终究有迹可循，就像我爷爷带给我的最初的花草记忆：散种在门前的夹竹桃、地雷花还有马齿苋，连他侍弄的菜园都没有一根杂草。再后来，父亲也在我们家的小院子里种了许多花，韭兰、月季、睡莲、六月桂、杜鹃……与此相伴生的是，他们也在我的心里种下了一颗花园梦的种子。

18年前，我心里就有一个强烈的愿望：要买一座有院子的房子，然后在院子里种些花花草草，布置一个属于自己的花园。尽管那时我还没有见过真正意义上的私家花园。

为"浪漫"而"学艺"

记忆里的那个夏天，朋友带着我"上山下海"四处寻觅，寻觅一处可以安放我的梦想的宅院。直到在与刘公岛隔海相望的一个半岛上看到了这座让我动心的大院子。

初见时长满杂草的院子

初见时，这个院子里一片荒芜、杂乱，走进去，人便淹没在一人高的杂草之中，脚步声惊起了一窝在大榆树上安家的喜鹊。我不禁暗想：这么荒凉的地方该怎么住人？然而，爬上二楼阳台的时候，一下子映入眼帘的蔚蓝色大海立刻打动了我：没错，就是它了！就像海子的那句诗："我有一所房子，面朝大海，春暖花开。"

接下来的改造工作当然是巨大而难以想象的，好在我家先生是个行家里手，艺术专业出身的他承担了房子内外的设计和装修工作，并亲自监工，帮我解决了很多难题，也给家内外的装扮基本定了调。

在改造之初，我曾提议：何不把旧房推倒，在这儿建个地中海式的大宅岂不更浪漫？而先生却回答我：老房子自有其特定的时代感，这是现代工匠通过"做旧"的方法所做不出来的。所以说，见到一栋老房子的时候，首先想到的词就应该是"保护"，唯有以"整旧如旧"的方法，才能在这个千楼一面的现代都市里获得一份与众不同的珍藏。

事实证明先生当年的选择和坚持是正确的。若干年后，当刘公岛成为中国独一无二的历史保护景点时，与刘公岛相映成趣的便是我那"整旧如旧"的美丽花园。

那时候的我，为了满园的灿烂也是拼了。

还记得那个春天，我是开着卡车去苗圃买苗的，并一一亲手种下。先生几次说要帮我，但我总是担心他粗心大意，可能会伤到我的"花宝宝"们！然而，这一次的"试水"却不成功。因为种植知识很有限，再加上缺乏一定的规划，院子虽然有了色彩，上了规模，但是并没有达到内心的期许。在院子的打造上，我一直是个"处女座"，我先后找了不少专业书籍，一边学一边打造，院子逐步有了提升和变化，但始终觉得没有"敲对门"，所以我也一直在找机会想让专家指点迷津。

直到在《威海晚报》上看到了本地的园艺达人燕子姐和她的玫瑰园的故事，我才真正开始了园艺的学艺道路。

站在盛开的鲜花前成感满满

· ·

　　与燕子姐的相识还有一个小插曲。当我按照报社编辑提供的地址，按图索骥寻到燕子姐的玫瑰园，探头探脑、如痴如醉地往院里看时，恰好遇到燕子姐从屋里走了出来。我连忙搭讪，问她花怎么种得这么好。然而，燕子姐并没有热情地回应我。事后我才知道，原来那一次玫瑰园的采访见报后，一下子冒出很多不认识的人到园里打探，靠近栅栏那一侧的月季不知什么时候几乎都被剪光了。这对爱花之人来说真是一种打击，所以对于不速之客，燕子姐都十分谨慎。

花园一景

　　其实，燕子姐是个外冷内热的人。那次后，我们成了好朋友，我家墙上的黄木香的垂挂法也是从她那儿学来的。如今，垂挂在门前的黄木香几乎成了威海园艺的"符号"，大家基本都是师从燕子姐。在燕子姐的带领下，威海花友们的花园也颇具专业性。

　　世间，没有任何努力是徒劳的。在经历了18年无休无止的学习和折腾以后，我家花园入口处的那座高约6米的靠山墙，已被'玛格丽特王妃''自由精神''安吉拉''藤绿云''紫袍玉带'等不同品种的藤本月季及黄木香爬满；原本一座依山而建的篮球场，现在却连篮球筐上都被盛开的蔷薇占据了，看到它们的"任性"，我却成

水景前的懒猫

就感满满。

　　进入夏天以后，我家的这栋临海大宅就会被满墙的爬山虎所覆盖，与周围突兀在阳光下的高楼和红瓦房相比，这座绿屋显得格外宜居和清凉。

　　让我感到清凉的不仅是绿屋，还有屋前先生设计的水景，而那只沐浴着暖阳的陶艺懒猫，则让我一下子就忘却了在这个世界上原来还有一种叫时间的东西，可以和流水一样缓慢地流淌。

　　转过 U 字形的转角，是铺着大草坪的后院，屹立在草坪上的树屋是我家最重要的一件"爱的纪念物"。每年，我们都会对它做最精心的养护和维修。

　　树屋是儿子 6 岁的生日礼物。那时候的他深深地为动画片 *Going Going Green* 的主人公 Sid 的树屋而着迷。Sid 在树屋上翻转腾挪，利用各种滑轮、翘板如蜘蛛侠一般地穿梭往返于草坪与树梢间，每每看到这样的情节，儿子总会缠着我说他也想要。于是，我就和先生悄悄商量：利用院子的两棵大榆树，也给儿子造一座他梦想中的树屋。

　　在他满 6 岁的那天，我们将新落成的树屋作为生日礼物送给了他。虽然有些遗憾，因为树屋太高，不能安装滑轮和翘板等这些附件让他在地面与树屋间荡来荡去，但此时，所有附件对他来说都不那么重要了，这个高大的树屋已经足以让他惊奇。树屋建成的那天，他上上下下地奔跑在树屋之间，不停地大喊："爸爸，太棒了！妈妈，我爱你！"试问，世间，还有什么甜言蜜语，能比儿子喊出的这两句话更打动父母的心呢？

儿子的6岁生日
礼物——树屋

黄昏下的花园

　　18年来，我和孩子们做过的所有的梦，都在过去那些春暖花开的日子里实现了。花园是治愈的，所有的烦恼与不愉快都可以在这里释然。我知道，只要我在花园里撒下了足够多的爱的种子，就一定会在生活里收获更多意想不到的满足和精彩。

　　我也常感叹似水年华，虽然诗和远方是很美，但世界上最好的地方就是我自己的花园和家乡！这未尝不是一种满足，一种幸福。

玫瑰花墙

与朋友们在花园小聚

　　花园的晨昏与四时都有着不同的魅力。在和家人享受着花园乐趣的同时，我也经常邀请燕子姐及其他的花友到家里来做客、闲聊。大人们围坐在桌旁，吃烧烤、喝啤酒、吹"大牛"，弹着吉他，唱着久违的青春歌曲。而此时的孩子们，则在树屋上翻转腾挪，在草地上"藏猫猫"。这时候，花园承载的就不仅是我们的青春与梦想，它也同时记录着孩子们成长的欢声笑语！

　　心之所往，春暖花开。花园生活让我感知到不一样的快乐：在我低头种花的时候，家里的猫和狗会从我脚边"舔足而过"；孩子们在草地上撒泼打滚；先生在树屋下静静地画画；厨房里飘来的是老妈切葱花的香味；而菜园里传来的则是老爸有一竿没一竿地打枣的清脆声响。这些寻常之事因为有了花园而变得与众不同，花园也因有了我们的欢声笑语而更显生机。

　　与花园梦想一脉相承，我开始设计、生产与花园生活相关的各种美物，希望借此将我所珍爱的花园生活理念传播给更多人，也期待能有更多人与我一起踏上对花园梦的探索之路，追寻那些未知的，与花草相伴的点滴美好。

与花园生活相关的各种美物

闲庭闲记

图、文／茉 莉

　　网名"Molly"，自然、艺术与美的臣服者，园艺、花艺、摄影爱好者。在十年的庭院生活中得到滋养，从中获得喜悦和感悟。庭院不仅仅是休闲赏玩的乐土，更是心灵的归处。

庭院生活

　　电影《千利休：本觉坊遗文》中有这样一段场景：茶人踏着阴冷的石头汀步穿过茶庭露地，静谧的庭院苔藓丛生，狭小的草庵式茶室里除了一轴画、一束插花和简单的茶具几乎空无一物。在这闲寂枯冷的空间里，遁隐的茶人坚守着他的精神世界，将权贵、繁华视为身外之物，而死亡不过是获得自由的方式……

　　这段画面将日本人崇尚"物哀"与追求"侘寂美"的精神拍到了极致，让我不知不觉地就爱上这个幽深的庭院，以及庭院中那间极具象征意义的茶室。

京都龙安寺方丈庭

　　几年之后，顺访京都。在那里，我见到了真实的，一如电影场景中描述的庭院和茶室，以及许多其他风格的日式庭院。它们或静寂或灵动，或幽玄或纯粹，其中，龙安寺方丈庭给我留下的印象尤为深刻——完全由白沙、山石和苔藓组成的枯山水庭，至简至纯，静默无声，看似平淡无奇，却仿佛一个小宇宙般生出一股神秘的力量，让人不由得驻足凝思，久久不愿离去……

念念不忘　必有回响

　　我家小宅的东北角（以下简称东院），原有犬舍一间、蔷薇数株。那里，曾是我的两只爱犬——Lucky和臭臭的专属领地。前年中秋，臭臭寿终，犬舍沦为弃室，原先热热闹闹的人犬嬉戏之地一下子就变得冷冷清清。每每经过此地，睹"舍"思"宠"，总会让我心生悲凉，遂起改造之念。

　　鉴于院子的其他区域为欧美风格，热闹有余而娴静不足，我有意将此地辟为属于我自己的独处之地，可用来读书、品茗、静思，抑或冥想。

　　但如何改造，又改造成什么风格呢？一时间，诸多想法盘桓在脑海中，迟迟不能定论。

　　或许是"冥冥之中，自有天意"，又或是"念念不忘，必有回响"。一日，偶然翻阅日本当代枯山水大师枡野俊明所作的《日本造园心得》，这本书对日式庭院的派别、风格、设计和建造过程等做了详细的介绍。正是这本书重新唤起了当年我对那个电影片段的记忆，以及我对京都那些茶室、庭院的向往。于是，在查阅了大量资料并对地形和环境做了充分调研之后，我决定将东院改造为枯山水与草庵式露地相结合的禅意茶庭。

改造前的小院东北角

花园小道

东院一角

茶室内景

　　设计的过程是痛并快乐着的。在不大的空间里，既要有枯山水的枯淡禅意，又要体现深山幽谷的寂静空灵，同时还要考虑与其他区域的衔接，凡此等等，都是棘手的难题。经过无数次夜深人静之时，徘徊于院中反复推敲，设计及施工方案才得以确定。

　　将"枯山水"建于东院的正中，原先此地的犬舍移至南院改作杂货花房，然后，移栽蔷薇及树木，辟出约150平方米的空地，空地中间的平缓地带即为沙池。日本园林以沙为海，几组石头散落"海"中，似舟似岛，简约抽象，随着人在园中移动，不同的观看角度会带来不同的观感和想象空间。围绕着沙海填土、堆坡、铺苔，勾勒出意寓大陆架的绵延起伏的山地轮廓，大陆架向海中延伸，形成半岛。半岛指向的沙海中央是由苔藓和山石组成的一个圆形岛屿，意为"海上神州"。

茶室则建于东院的北角，地基抬高呈俯瞰之势。一条狭长的玻璃窗正对庭院，形成天然的取景框。室内灰色水泥墙上挂着山水画轴和竹筒插花，家具、茶具古朴素雅，呈现"侘寂"之美。

一排日式竹篱隔开东边与邻居相接的珊瑚树绿篱，形成一个相对干净和朴素的背景，也可增加东院的年代感和陈旧感。为弱化原建筑的西式风格，我最终决定在西面住宅墙下种植两行修竹，遮住墙体。竹下，一条S形的青石小路，连接着南院与北院的交通走廊，也是欣赏这座枯山水庭院的重要通道。

东院的南端是由两道粉墙交错而成的隐秘入口。而从北端进入茶庭区域的时候，则须经过充满天然野趣的岩石花园和树根露地。这两个区域，也是从北院的欧式水景花园到东院的东方意蕴茶庭的过渡区域。

雨中庭

北入茶庭树根露地

在植物配置上，庭内选用了两棵罗汉松、几株枫树、代表了美与无常的樱树，以及杜鹃、茶梅、南天竹等乔木、灌木。植物或孤植，或群栽，有的经过适当修剪以取其形，有的则任其自由生长，以观其态。我将高树密植于靠近茶室处，以期最大化地隐去建筑，而在远离茶室的地方则尽量留白，使整个空间看起来疏密有致、张弛有度。

庭内的竹篱与枫

建成后的茶庭

　　建成后的茶庭由竹篱、围墙和四周的植物围合成了一片相对独立的封闭空间。石头、小径、沙砾等青灰色的主调营造出繁华归于沉静的氛围；大面积的沙池，放大了空间，枯寂而又惹人联想；消失于拐角处的青石小路暗示着曲径通幽；向上延伸通往茶室的飞石汀步拉长了景深；随处可见的苔藓和蕨类则增添了荫翳、静谧之感。整个茶庭呈现枯、寂、清、幽的意境，让人一进入就自然而然地放慢呼吸与脚步，心生安详，沉静下来。

此中真意　欲辨忘言

时光如梭，茶庭落成后已经轮回了近两个春夏秋冬。晨昏更替，四时交移，茶庭依旧而景致不同。

清晨，第一缕阳光穿过竹篱、树叶的缝隙照进茶庭，给郁郁葱葱的苔藓地铺上一层淡金色的光辉。鸟鸣啾啾，唤醒了茶庭入口处守护神石狮，它微昂起头，向庭内探视。石头边白色杜鹃开了几朵，还带着露珠儿，清丽脱俗。

黄昏，树木随着阳光西转也失去了颜色和层次，只剩下了轮廓。茶室隐身于树林中，一阵风吹过，透出茶室里昏暗的灯光，隐约可见室中的一条案、一茶壶、一杯盏、一素人。

月夜，银轮高悬，清辉洒向石庭。沙池里波光粼粼、身披月华的庭石，静默而肃穆，仿佛已在此伫立千年。青石小径旁的两行修竹，竹影婆娑，高高的竹枝与明月遥遥相望。此时，王维的《竹里馆》悠然浮上我的心头："独坐幽篁里，弹琴复长啸。深林人不知，明月来相照。"诗人与此刻的夜游人，都心满意足于享受孤独，享受与宇宙天地的自然交融，个中滋味，不足为外人言，也无需为外人言。

茶庭的四季更是耐人寻味。春天，隔壁的几枝粉白桃花不甘寂寞地探向茶室青灰色的屋顶，越发衬托出茶庭的寂静清幽。一场春雨过后，落红满地，正是"林花扫更落，径草踏还生"。角落里，山樱花前几日才刚刚爆出花芽，一夜间就满树雪白开得轰轰烈烈、哀怨决绝，仿佛知道自己转瞬即逝的命运。

枫与风铃

夏季，树叶的颜色从生机勃勃的新绿变成沉郁安静的深绿，院里新砍下的青竹做成手水钵上的惊鹿装置，流水淙淙而庭阶寂寂，"咚咚咚"，注满水的竹筒间或的敲击声惊了来喝水的鸟儿，"咻"地往林间飞去了。水钵旁，青枫下，蕨类长得正好，一枝白色玉簪花亭亭玉立，青石小径边上的竹子又发了许多新叶，绿意盎然。虽是炎夏，却满目清凉。

庭之夏

夏之绿意

手水钵小景

庭之枫

转眼立秋，气温渐渐变凉，鸡爪槭、红枫、羽毛枫的树叶黄了又红。一场霜降后，飞石步道上、枯山水池里落满了五颜六色的树叶，从茶室望出去，"秋窗犹曙色，落木更天风"，让人顿生悲秋之意。

庭之冬

· · · · · · · · · · ·

　　随着枫树、山樱落下最后一片树叶，冬天到了，茶庭也褪去了颜色，偶尔一只寒鸦掠过光秃秃的枝丫，一派萧索荒凉。好在冬天还有暖阳，猫躺在茶室的屋顶上舔着爪子晒太阳，慵懒而闲适。沪上的冬季偶尔会有一两场小雪，雪是无声无息随风潜入夜的，晨起，才惊喜地发现，沙池里的沙粒、石头、竹篱、树枝上和水钵钵沿都积了一层薄雪，黑白相间。此刻的茶庭犹如一幅宋代的水墨山水画，而"画"中人，早已痴了。

　　更有情致的是下雨天，一个人盘腿临窗坐在茶室里，炉子上的壶水"噗噗"响着，茶香氤氲。雨滴沿着低矮的屋檐落下，串成珠帘，几枝垂到窗前的枫树枝条，随风摇曳，将人的视线和思绪带远。庭内的石头和石灯笼经过雨水的浸润，越发钟灵毓秀，苔藓也吸饱了水，满庭的青翠欲滴。雨越下越大，在沙池边的两块巨石之间汇成一股水流，顺着石缝流进沙海。沙海中央，石头和苔藓组成的圆形岛屿在朦胧烟雨中显得仙气十足，在它的左边靠上，一块长条形的石头似一叶扁舟，向着漂浮于海上的仙岛驶来。沙池里耙出的纹路，好似舟石划出的波纹，又似雨滴激起的阵阵涟漪；一粒青灰色的顽石，如水中鱼儿，欢快地跃出水面。

　　远处粉墙下，嶙峋的山石边，一株夏鹃独立，寥寥数枝，疏朗有致，于白墙背景的映衬下自有高士之风。在它斜对面位于高处岩石后的羽毛枫枝条交错，临空下探，如一个谦逊宽厚的老者，朝着雨雾笼罩的石庭伸出温暖的手臂……

　　天色暗了，雨也停了，起身走出茶屋，湿雾抚摸着脸，几滴雨从树上落入头发，痒酥酥的。深吸一口气，空气中混合着竹子和泥土的芬芳，胜过任何香水的味道。"吃——饭——啦——"，阿姨的声音隐约传来，我回头再看一眼茶庭，仿佛初见，仿佛不能再见。

　　这样的茶庭，自然成了我现在最爱停留的地方。茶室里，可以一人独处，插花挂画，读书喝茶；

庭院里的守护神

雨中庭院

也可以二人对饮，有一搭没一搭地话家常；还可三四人闲聊，古今逸事，你、我、他、她……

然而，我始终认为，在这方隐世般的小天地里，一人于茶室独处最是妙不可言。譬如，晴日的午后，竹帘低垂，阳光透过窗棂和木门格栅形成条条光影，投映在暗室里带着岁月痕迹的旧家具上，恍若隔世。随手取了本书，看到精彩处，击案叫好，看到乏了，闭眼往草席上一躺。不觉日已西斜，日影被拉长了，从窗前的茶台移到后壁水泥墙，墙上竹筒里的一枝莲半开半合，忽忆《庄子·知北游》"人生天地之间，若白驹之过隙，忽然而已"。

不单是人，茶庭也成为小动物们喜欢光顾和涉足的地方。手水钵早已成了鸟儿、猫儿们的饮水之处，茶室地板上经常会发现一串串神秘的脚印。我那只萌宠金毛Lucky，也最喜欢在我刚刚用心耙好纹理的沙池里捣乱，弄皱"一池秋水"。乱了就乱了罢，万物本无相，来去皆有因。看着在沙池里撒着欢打滚儿的Lucky，想起去了天国的臭臭，它此时也会在上面望着故地，欢快地摇着尾巴，冲着我们笑吧！

丁酉年白露之日，草笔《闲庭闲记》，以为纪念，以为记录。

闲庭日斜

朝花夕食

——花不语的露台花园

文／花不语　图／银　松

花不语，白天是朝九晚五的办公室白领，回家后变身勤劳花农。热爱生活，热爱园艺，相信创造力可以改变生活，三年前将家中废弃的屋顶改造成花园，取名为朝花夕食。

花园全景

　　笑颜问花花不语，晓风送暖春早来。在阳光雨露充足的屋顶花园，每年春天
的花季来得分外早。花园于我，亦是一份美好。

　　很多人都有一个花园梦，也许是在郊外，白色栅栏的院子里一片天鹅绒般的草地；也许是海边
木屋，面朝大海，春暖花开；也许是山上的一幢老房子，背靠森林，满园果树飘香，有猫，有狗，
有春风……

　　而我的花园梦，却在住了17年的老屋露台屋顶实现了。这是一套位于城市主干道边的老式商
品房，房子没有电梯，所以7楼顶层的住户附赠30多平方米的露台。买房的时候，就觉得比起住
在封闭无聊的房间里，拥有露台的代价只是每天多爬爬楼梯而已，还是蛮划算的。

花园俯瞰照   玻璃房里的DIY桌子

　　果然，入住之后，露台就成了家里最能发挥想象力的一片天地，做秋千椅、搭帐篷露营、BBQ聚会……过把瘾以后，就把露台一大半的地盘用来搭建了现在的这个玻璃房，即便只是简单地在外面的花槽里种上几种植物，却也让这个阳光房成了家人朋友最喜欢消磨时间的地方。

　　顶层的房子大多会出现雨水渗漏的痕迹，我家也不例外。三年前的夏天，我们决定做一次屋顶整体防漏，与现在大部分楼房不同的是，我家的屋顶并没有公共通道，要上去施工必须从自家露台搭个梯子，搞机械的同学便帮忙制作了一个钢架楼梯。

当我顺着结实的楼梯爬上屋顶，却欣喜地发现了另一片天空：因为是靠东的边户，所以屋顶的面积比露台更宽广，视野更开阔。原来我的头顶竟然藏着这样一处早晨可以看朝霞，傍晚可以看夕阳的好地方呀！我就想着，既然做好了防漏，何不干脆把这里改造成一个屋顶花园，来满足我对植物种植的爱好呢？

这个听上去有些疯狂的主意萌生后，我就迫不及待地想去实现它。

当时也顾不得去找什么园艺设计师，心想，这么有趣的事不如自己来玩吧！于是，我一有时间就在杂志、网络上浏览花园的美图，汲取灵感，满脑子充斥着对花园的幻想。也是在那时候才知道花草可以在淘宝购买，《美好家园》杂志有园艺比赛，更有参赛作品可以欣赏！我知道了女王不老阁、兔毛爹、AKK、玛格丽特颜、露台春秋……这些就是我的园艺老师，那年还找到了本地的花友组织。

从一开始的毫无头绪，到时不时冒出一些天马行空的想法，我慢慢对花园的结构、布局有了大致的构思：白色的栅栏搭配青苔色的地砖，花槽用灰色的水泥砖砌成。哪些地方需要花槽，休息区的花架该做在哪里，怎么固定……这一切就像玩乐高积木一样一点点组合完成。

白色栅栏

青苔色的地砖

女儿创作的"门神"图

　　我在钢架楼梯通向屋顶花园的入口处设计了一面拱门，我向女儿建议："不如在这上面画幅画吧！"她迟迟没有动笔，她总说："画点什么好呢？画植物，即使描绘得再栩栩如生也总不及旁边蓬勃生长的花草富有生命力；画风景，屋顶的花园本身难道不就是一道景色？"

　　直到有天我上楼时，看到了一个巨大的头像对着我。哈哈！不错不错！就是她了！原来女儿最终在这扇门上画了一个有妈妈样子的头像，旁边还用法语写了"玫瑰人生"的字样。我乐了："原来你画了个门神呀！"这头戴草帽微笑地注视着园子的"花园守护神"，一下子就让屋顶鲜活起来，如同给一条龙点了睛，也如同一个人有了灵魂。

花园里盛放的'龙沙宝石'

餐桌花卉布置

惬意的下午茶时间

花园里的各式摆件

　　原本只是为了解决屋顶漏水的问题，结果却打造出了一个露台屋顶花园，水到渠成，因祸得福，一切都是最好的安排。

　　记不清屋顶花园建好的那一年，我种过多少种植物。那一年秋天的我犹如大力神附体，回想起来有太多不可思议。过了种植瘾，慢慢开始有了选择，怎么搭配，怎么让四季都有看点，这些新的种植乐趣占据着我的业余生活，总是觉得时间不够用。

　　经过三年多的摸爬滚打，现在保留在露台花园的植物有：一棵爬在花架上的多花紫藤，因为它是春天开花最早的；在最开始种植的几十棵欧月里，留下了藤本的'自由精神''安吉拉''藤冰山''大游行''天路''龙沙宝石'，灌木的有'瑞典女王''莫奈''亚伯'等等。它们各自占据着拱门和花架，给4—5月的花园呈上最美的姿态，每年那段时间，我总是睁开眼就想冲到花园里，感受屋顶阳光雨露赐予的这份美好。我还种了一棵黄金香柳、一棵蜡梅、两棵丹桂、三棵枫树，它们都很适合在屋顶花园生长。另外还有一棵最实用的花椒树，每年果实累累，煞是爱人。除此之外，还有香茅草、罗勒、百里香、薄荷这些我从园艺生活拓展到厨艺生活后的新宠。

　　我不是种植高手，还处在对园艺的学习和体验阶段，加上还在工作，花费在园艺管理上的时间有限，仅需要低维护的花草会更加适合我。这两年，我新添了一些三角梅，三角梅除了在冬天需要保护一下，其他三季表现都很好，不易患病虫害，稍微重视一下肥水管理，那么整个夏季和秋季就都是盛花期。蓝雪花、风车茉莉也是适合屋顶种植的植物。冬天，我会种一些洋水仙、郁金香，以及色彩缤纷的角堇，它们都是冬季花园的救星。旱金莲、长春花和马鞭草都是花园自播的主力军，只要勤快，稍做种植调整，几乎零成本就可以让花园美丽起来。我的花园也是名副其实的"懒人花园"。

三角梅是夏季花园的主角

花架上的紫藤花

花季时的聚会

　　植物的生长点缀了闲暇的时光，而朋友们的存在也给这个露台花园带来了鲜活明朗。在花园玻璃房里，常有五六好友相聚，不管是朗月清风，还是细雨斜风，桌上数瓶鲜花、数盘鲜果，煮茶喝酒，畅聊抒怀，摘几朵鲜花入茶，折几茎香草入菜，看着好友们几碗下肚，颊齿留香兼暖彻心脾，实在是平生一件快事！

　　最让我欣喜的则是花季来临时，孩子们随着一声吆喝便在这里展示各自的十八般武艺，烘焙的、调酒的、摄影的，每次的聚会都让屋顶露台充满欢声笑语。我很珍惜与他们相处的时光，看着他们把食物一扫而光的好胃口，我心底总会有几分小得意。对！就是这种妈妈的味道！

生活离不开美食、祈祷与爱

就这样，为了施展厨艺，我在第二年又把洗衣房和厨房打通，改建成12平方米的大厨房。如今，当我从食材中抬起头时，看到的是摇曳生姿的露台花草。正如我的园艺偶像女王不老阁所说："花园不是纯粹的种植，它带给人的是一种感受，是视觉和内心的享受，任何语言和文字都无法诠释透彻。"在这里，我得到了这种享受。

还记得参加《美好家园》主办的园艺比赛时，评委Tony老师的评价："不奢华的雅致生活一直是我对生活的追求。看到朝花夕食的露台花园，我很有与园主击掌的冲动，因为有同道中人的感觉。花园不大，但是花草应季而长，嫣红紫绿；还有可作香料又可观赏的食材盆栽。生命的绚丽在于认真工作、享受生活。什么是雅致的生活？不是用金钱堆砌出来的金碧奢华，而是把生活过得像花一样美，像诗一样浪漫。'eat''pray''love'，生活离不开吃，生命离不开祈祷，活着离不开爱。当你拥有了这些，无憾。这样用心的人生，给赞！给奖！"

有人说，花园梦想是通过探究追寻适合自己的风格，从而酝酿出具有自我世界的花园。而我的花园梦想就因这片老屋露台得以实现，我的园艺生活也因这露台花园而得以圆满！

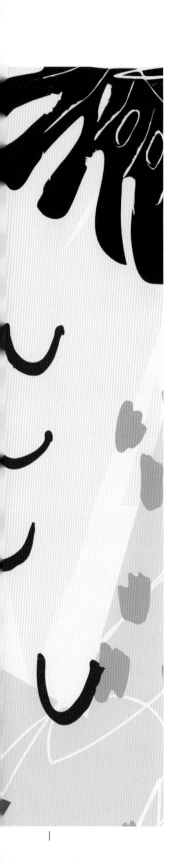

我说我要有个院子

图、文 / 由 之

　　本名杨迪，曾经的调查记者，如今的花园痴迷者。靠租来的院子在寸土寸金的北京实现了花园"白日梦"。

　　花园不是奢侈品，实现它，只要拥有一颗热爱生活的心。

· · · · · · · · · ·

　　我已经记不清是从什么时候开始想要有一个院子了。

　　那应该不是2012年的冬天，因为那个时候我还只是一个整天奔波于新闻现场和写稿案头之间的记者，依靠计件码字糊口，从来没有想过自己的生活里要有一个花园，或者会有一个花园，甚至根本就不敢想。

　　那时候，我所有的人生经历都是在按照套路出牌，从小努力读书，考上不错的大学，毕业后再随着大众步伐，上班玩命工作，下班尽情玩乐，等着有一天，买车、买房、嫁人……

　　写字的人大多都有无药可救的拖延症，我自然也是其中的一个，甚至是晚期拖延癌。每次打开电脑准备写稿子之前，我总要在网上东逛逛、西看看，似乎不把时间拖到最后的截止期限，都对不起时间的残酷。

　　也就是这样乱逛的时候，我一下子被一张风信子的图片吸引了。"这个东西挺好看咧！"点开页面，发现是一家卖风信子球根的淘宝店。"竟然从球根开始种风信子！""可是，球根是什么？""原来是这个跟洋葱头一样的东西！"紧跟着，"土培""水培""夹箭"这一系列名词也一下子涌了过来。最初我只是出于好奇，想搞清楚这几个概念，却没想到，一个由植物构成的神奇世界就这样一点点呈现在了我的面前。

　　于是，我买回了盆、泥炭、苗、种子、肥……在那个出租屋两平方米的阳台上，开始了疯狂地探索，以及疯狂地试验。

　　然而，那一年冬天的试验并没有什么收获。朝北的阳台，光照不足，通风不好，温度过低，整整一个冬天下来，我最终只收获了一堆尸体和无穷尽的尴尬事：在洗手间里给苗换盆，泥炭土堵死了下水道，结果整个房间泥水横流；在茶几上播种，结果一喝茶就满嘴土……

　　但是我也看到了生命的欲望与倔强。我记得我曾在路边的板车上买了一盆茶梅

五月，永远是花园最美的时光

搬回家。羞愧的是，那个时候，我固执地认为它是茶花，不肯承认它其实只是一棵茶梅。只因为我爱上了对茶花的一句描述——"舍命不舍花"。就是说，茶花会耗尽植株所有的营养和力气开花，哪怕在开花之后枯萎、死亡。因此养护茶花的一个关键就是要在开花前疏蕾，为植株本身留存体力。我无法理解茶花背后的生存逻辑究竟是什么，但我却实实在在地被感动了。我无法想象，当一个生命体竭尽全部的力量去完成它的使命时，付出的是怎样的一种勇气。

那么，我是从那一刻开始想要有个院子的吗？应该也不是。

玫瑰是花园永恒的主角

　　人的欲望从来都不是一夜长大的。院子，在那时，还是过于奢侈的愿望，尤其是在这寸土寸金的北京。

　　那时候，我所能想到的，只是一个露台，一个可以通风、有阳光的露台。

　　我是幸运的，第二年的春天，我就如愿租到了一个带露台的房子，而且价格非常公道。那是一个老式公房的阁楼，房间20多平方米。朋友来看我，抱怨说："这屋顶都是斜的，最里面都站不直腰。"那又怎么样呢？它有露台，可以养花呀！妈妈来了，抱怨说："这里都没有厨房！没有天然气，没法做饭，怎么能行？"那又怎么样呢？它有露台，可以养花呀！

　　是呀，对我来说，这个露台就是一切。知道吗？站在那里，我几乎已经闻到了花香！我在露台上跑来跑去，上上下下挥舞着双手比画：这里要有一面玫瑰花墙，这里要种上一排绣球，那面墙要装两片格栅，上面挂着五彩缤纷的草花……

点一盏风灯，剪两枝月季，开一瓶红酒

那一段打理露台花园的时光慢慢唤醒了我的自然属性。春风点亮了郁金香；夏日雨后，花盆下可以扒出蘑菇；秋雨过后，泥土发酵出醇厚的气息。那是我第一次，那么真实地触摸到阳光与春天，也是第一次，真实地拥抱着自然与生活。我时常站在露台顶，喝着红酒，看着远处马路上车流不息。相距不过几百米，那边是忙碌的繁华，这边却是静静的自己。

· · · · · · · · · · ·

　　我想，那些奔波忙碌的人的血液里也都沉睡着一颗自然的种子吧，只是一直在等一个春天。

　　按理说，这个露台花园应该已经够了。可是，这真的够吗？你看那藤月，接不到地气，春天只开了那么稀稀拉拉的几朵花。你再看这露台，都不能种棵树挡挡正午的阳光，绣球的叶子都被灼伤了。一年过去了，但我的花还是不够丰满，不够漂亮。我不愿意承认这是自己的耐心不够，技术太差，而是简单粗暴地把所有的责任推给了没有土地的滋养。

　　我偏执地觉得植物就应该直接生长在大地上，它们要晒过太阳，晒过星星和月亮，要低头亲吻过泥土里的蚯蚓，要昂首经历雨雪风霜。

　　对的，就是那一刻，我开始想要有一个院子。这念头一起，就执拗得像个石子，深深地嵌在了肉里，搁在了心里，拿不走放不下。

　　可是我该如何有个院子？买，固然是买不起的，就算是把自己像零件一样拆散了去卖，也不足以支持我在北京买个带院子的房子。我这样一个北漂打工族，自然只能靠租来实现自己的理想。

　　一直以来，我就是这样一个想到什么便去做什么的人。于是我挎着帆布包开始穿梭在北京城的胡同里，寻找一块能安顿下我和我的花的地方。然而，传统北京四合院早已经被破坏得面目全非，我负担得起房租的，院子里早已经私搭乱建了各种鸽棚、杂物间，哪里还有土地可以拿来种花？有地方种花的，那租金自然又是天价。

　　迫不得已，我把目光投向了乡下。果然"农村的广阔天地大有作为"，在经历了半年多的找房、看房之后，在顺义郊区，我找到了一处我想要的院子。

初夏的花草狂欢

　　到今天我都记得自己第一次站在这个院子时的情景。一栋旧式大瓦房戳在一片杂草之中，一根爬山虎被一根竹竿挑在院当中，房顶上挂着一抹淡淡的夕阳，看起来有些破败。但是它却带着一股乡村的"泥土味"，踏实、自在，不像都市那样歇斯底里，神经衰弱。更重要的是，它有一个100多平方米的院子。

　　我没有犹豫，很快就签下了合同，并且风风火火地开始在这一块土地上构建我的梦想。把房子的隔断全部拆掉，重新设计；把院子里的硬质水泥地全部掀开，重新规划。

　　每一个知道我租了院子的人都说："房子又不是你的，何必这样大动干戈？"是的，房子是租来的，但生活不是，我的梦想更不是。

• • • • • • • • • •

　　伺候生命并不是一件简单的事，有很多艰难。虽然曾经折腾过一年阳台、一年露台，但对于植物和造园，我仍然是个白丁，只能在这里继续尝试。

　　不同季节中，植物的生长规律严苛到让人害怕的地步。如果春天播下的种子遭遇了水涝，那么就只能等着明年再来；如果冬季没有保护好绣球的枝条，那么明年它就给你扮演一年的大白菜。

　　而植物的生长繁殖又各有各的特色。因为想在夏夜喝一杯亲手调制的莫吉托，便在院子的一角种下了一棵薄荷，结果它一转眼长成了"薄荷精"，一根根，一丛丛，那么粗，那么壮。也没想到那个名字里带着美丽的"美丽月见草"竟然那样霸道，稍不留神它便侵占了半个院子，如今两年已经过去，我还在和它们的残余势力做着艰苦卓绝的斗争。

　　眼见着大风掀翻了墙头的花盆，盆、土、苗"叮叮当当"碎一地；也眼看着一场暴雨过后，大丽花被拦腰折断，一地狼藉。

　　但这过程中也有很多的美好。

　　今天，番红花羞涩地开在了雪地上；明天，洋水仙又冒出了头；一转身，那一树的喷雪花竟然开到爆。草莓熟了，院子里来了野兔偷吃；小鸟筑巢在我的樱桃树上，搂着樱桃吃个欢，一粒都不肯留给我；黄瓜昨天才刚摘果，今天怎么又长出了这么大个！

　　土地里永远有让人看不厌的新奇，也永远有让人心生希望的东西。最开心就是从土里往外刨东西，土豆一拎拎一串，胡萝卜一拔一大把，如果遇到又长又直的，真是打心眼里高兴。

而我们的乡间小院也一年年地丰满着：今年搭个葡萄架，明年挖一方小池塘；春季里买一架秋千，秋天里添一把长椅。一家人在一起，砌墙、挖坑，把日子过得鲜活而又性感。

春天，和家人一起建一个小池塘

　　就这样，我在自然间安心劳作，平静度日，晒着星星，也晒着太阳。当生活与自然衔接得这样紧密时，我触碰到了真实的四季。

　　就这样，我在我的院子里，想干啥就干啥。夏天的夜晚，洗完澡往长椅里一坐，星光满天，暗云几朵，踢掉鞋子，用脚丫划过草尖上的露珠，丝丝凉凉。

　　开心了，呼朋唤友开个派对。不开心了，一个人静静坐在秋千里，任由烦恼跟着秋千荡啊荡。

　　还记得，小时候曾经看过一个动画片《花仙子》，主人公走遍世间，寻找代表幸福美好的七色花。如今，在这乡间小院里，我建造了我的七色花。

　　此时此刻，我抚摸着正孕育在我腹中的小生命，更是欣喜，很想跟他说一句："嘿，小毛头，你来到这世上，我送你的第一件礼物便是带着泥土味的童年。"

在花园里迎接新的生命

春天来得太急，不小心打翻了一罐子花

因为种子总会等待风的到来

10分

图、文／海 妈

　　一个疯狂的植物爱好者，"海蒂的花园"主理人。"海蒂和噜噜的花园"是为两个女儿的梦想所建，渴望着孩子们与花相伴，快乐成长。

　　我想我应该写点什么，关于"海蒂和噜噜的花园"，它的命名来自我的两个女儿，这个花园也正是为她们两人而建。翻看建园时的一张张图片，不知不觉眼含泪水，回顾造园的整个过程，我突然发现这真是一件特别、特别艰难的事情，但是我竟然做到了。正如那句话：女子本弱，为母则强。

公主花园俯瞰图

"我为什么要建这个花园呢？是啊，为什么呢？"

"其实没有为什么，我就是想建一座花园，我有强烈的创作欲望，我需要一座更大的花园。"

站在夜晚的窗前，我这样问自己，也这样回答自己。

那么，建园仅仅是因为我的任性吗？似乎也不全是。还有另一个原因，在成都的三圣乡，我已经有了一座以大女儿海蒂命名的花园。同样，我对小女儿的爱一点也不少，我想，她也应该有一座属于自己的花园。

是的，建园伊始还因为爱。

噜噜的恐龙花园

每天晚上，我都会在给女儿们讲完故事后问她们想要一座什么样的花园。当时5岁的海蒂说她想要一座公主花园，还想要一座魔法花园。公主花园是怎样的呢？她想要有城堡、喷泉，喷泉上面还要有天鹅的雕塑。而魔法花园呢？她则为我画出了小道、花朵、蓝天、白云、小矮人的屋和池塘，池塘里还有天鹅自在戏水。

公主花园的绣球'无尽夏'

不足3岁的噜噜那时心心念念的都是她喜欢的恐龙，她说："妈咪，我想要一座恐龙花园！"我不知道恐龙花园是什么样的，我也不知道要如何建造一座恐龙花园，但我知道，我一定要做一个。

我对恐龙的概念，只停留在噜噜的恐龙绘本上。在我们家，每天最好的时光莫过于一家四口在临睡前一起泡脚，用温暖的脚带来温暖的夜。我们会在泡脚的时间里一起吃水果，一起讲故事。大女儿喜欢听《小熊维尼》，小女儿喜欢看恐龙的绘本，一遍一遍地，我就这样和她认识了很多种恐龙。

为了寻找造园的灵感，我带上孩子们去自贡恐龙博物馆参观，我想要这些消失的恐龙重新复活在噜噜的花园里。第一次并没有什么收获。第二次，我有了些想法，我想用枯树做一只恐龙。第三次，我又带上了孩子们的外公再次来到这里。在孩子们嬉戏的间隙，我用手去触摸这些亿万年前的化石，仿佛乘着思绪穿越到亿万年前。那一刻，我似乎和它们有了一些沟通。我拿出速写本，迅速地记录下了这些骨头的形状——我想砌些骨头形状的花池，让"骨头"散落在花园里，让花儿开放在这些"骨头"上。

最大的绣球'贝拉安娜'送给妈妈

　　如此，我便将想法付诸实践。"骨头"砌好后还要往里填土，由于是异形通道，只能靠人工一点点地搬，极为耗费工时。施工时，工人们都笑着说，这辈子都没干过这样的活！

　　我总说，噜噜的花园是一个要从上帝的视角来审视的花园。从平面上看，这些骨头形的花池似乎没有什么不同，但从天上往下看，它们的结构和形状便各有千秋。我不知道自己设计的"骨头"花池是否有设计感，但无论别人怎么看，我都会坚持做自己，只要我、海蒂爸和噜噜喜欢就够了。

　　但是恐龙该怎么办呢？

　　某一天回到三圣乡"海蒂的花园"，孩子的外公不知道从哪儿找来根木料，一点点打磨制作，竟做成了一只恐龙。这只恐龙长达三四米，瘦得像狗一样，海蒂和噜噜却开心得无法言喻，爬到上面骑着它玩耍，外公也不说话，只是站在一边笑望着开心的她们。

⋮海蒂的魔法花园和公主花园

　　我时常在朋友圈里讲述我造园的故事，远在台湾的Tina还请人带着尚有热气的面包来看我。由于被关注着，建造花园就不只是我一个人的事了，很多人的目光赋予了它生命，带给了它成长，也带来了"脾气"。比如，魔法花园的水池就引起了不止一次的争议：海蒂爸时常抱怨我为何不在有挖掘机的时候就提前安排水池的建造，但我之前也没想好要挖一个幽灵形状的水池！

　　而更抓狂的还在后面，我决定把孩子外公花500元买的枯桂圆树干运到魔法花园里来做一座桥。为此，我花了200元请来吊车，花500元把它运到花园门口，最后动用了14个人把它一寸一寸地挪进了花园。好在这棵树干最终被放到了理想的地方，和我想象的样子不差毫厘。孩子的外公又找来了空心的树干做了桥边树屋的圆窗，又用几车桃枝做了桥的栅栏。如此费了九牛二虎之力，海蒂的魔法花园才算是初具规模。

　　我在树屋、小矮人屋和公主房的房顶上都种满了植物。早春的时候，花开一片，像是在屋顶上铺了一块迷人的地毯；初夏，上万只蜜蜂来到这片花丛里采花蜜，让花园更添神秘的感觉。我曾在傍晚，用木梯爬到房顶上，直播夕阳西下的情景，与上千人同享这美好的时刻。

　　造园从来不是一件容易的事。花园的设计图经过了无数次易稿，也经历了无数次的沾沾自喜和自我否定，最终，新建的花园由10个主题部分组成，分别是恐龙花园、公主花园、魔法花园、家庭花园、实验花园、摇滚花园、镜面花园、蔬菜花园、铁线莲花园和绣球花园。

- · · · · · · · ·

绣球'赛布丽娜'与铁线莲

魔法花园的树屋

结了霜花的绣球

2016年11月30日，我的花园开始动工了。除了占地3000多平方米的"海蒂与噜噜的花园"外，还有约10000平方米的绣球和月季花海。

每个周末我都带着孩子们在工地上奔波，没有玩具，泥巴就是玩具，树叶就是玩具，小石头就是玩具。我会带着她们在泥巴里打滚，她们也会看着我笑，一家人就这样在一起再愉快不过了。所谓甘苦自知，谁能想象我们看似脏、苦，却这么快活呢？

"海蒂和噜噜的花园"就这样慢慢成形了，碎石路径逐渐铺就完成，新铺的草坪也会慢慢绿起来。这期间，我数次面临经费紧张的窘境，毕竟这一次我是倾囊而出的，没有钱了就停下来，卖花换钱，换到钱再继续。我便宜卖掉了栽种了几年的巨大的绣球花，现在想想依然有些难过，如果没有卖，它们今年应该每株都开出几百朵花了吧。

花园里的配植由我负责。我曾经做了表格用以标注即将栽种在花园里的植物，原本预计要栽种一两千种不同的品种，但后来慢慢地就犯懒了，中意什么植物就找来栽上，所以到最后我也不知道到底种了多少品种。

工程上的事则由海蒂爸监理。铁艺的拱门是海蒂爸定做的，其他如地面找平、挖水沟、做排水系统、安电线、接网络等，也都由他负责。我只管提要求就是了，他总是比我预计的干得更漂亮、更贴心。

因为工期的问题，花园的开放日期一天一天地推迟着。当雾霾终于散去，春天也如约而至，大树发芽了，油菜花也开了，很多朋友耐不住寂寞就跑来工地上看。从朋友们拍的照片上看，蓝天白云之下，我的花园竟有了些不真实的美感！

"海蒂和噜噜的花园"入口

　　我常对来访的朋友说，花园和爱人都是老的好，这新建的花园还需要时间才能更漂亮。但是，我又渴望自己的新花园能尽早和大家见面，能让更多人来此了解园艺和花园生活。

　　2017年4月28日，我开放了我的新花园。从那时起，我的花园就迎来了各类访客。幼儿园搞活动的时候，噜噜邀请了全班同学来到恐龙花园里溜达，她很开心，同学们也玩得不亦乐乎。我的花艺师朋友们也有了新的场地，可以随心所欲地剪上几朵鲜花制成花艺作品。青蛙和无数的小鸟也来造访了，而园中的昆虫更是数不胜数。花园本就不应为人类独有，而应是所有生物共有的家园。

英式花境里的毛地黄

摇滚花园的一角

　　我想将"海蒂和噜噜的花园"持久地开放下去，并渴望会有更多人带着孩子们来造访。我想在每个到访过的孩子心中都播下一颗园艺的种子，待时机成熟的时候，它们一起生根，发芽，开出花来。如是，在未来，在海蒂和噜噜这一代孩子的身边，就会冒出很多可爱的花园！如是，在未来，海蒂和噜噜就一定会为我曾经的"倾囊而出"感到骄傲！

　　也许到那时，孩子们才能真正理解我问过的那些问题：

　　为什么风会吹？因为种子总会等待风的到来。

　　为什么花会开？因为种子发芽后花一定会开。

未来的浴缸花房

图、文 / RUI

　　忙里偷闲就莳花弄草，满世界探访有人情味的花园。怀揣着一个花园梦，先在怀柔为自己打造了两个风格各异的花房，又在北京、武汉、郑州打造了三个传递美好生活的公共花房，想让每个人的花园梦都能实现。

写这篇文章的时候，我正在美国东部一个名叫伊萨卡的小镇里拜访学习，美国园艺专业最好、景色最美的学校——康奈尔大学就在这里。我住的房子是一栋典型的美式公寓，在我住的那一间卧室，有16盆大小不一的植物。清晨的阳光穿过窗户，透过房间里的五彩千年木和金边吊兰的叶片，洒在我身上，被阳光和叶子包围的我，如同在树林中沐浴一般。

这像极了我们在2017年北京国际设计周的作品"未来的浴缸花房"带给人的感觉。这个作品呈现在宋庆龄故居的草坪上，一棵有着500年历史的国槐下。我坐在角落里，听着每一个走进花房的人的评语：

"如果我家也有像这样的森林就好了……

"如果能在这样的环境里洗澡，我肯定会放声高歌……

"坐下来我就不想走了，一个多月以来我都没有感觉这么放松过……

"原来蒸腾还可以产生水分啊，看来我和自然的联结方式远不止去爬山……"

听到这些，我很开心。虽然浴缸里没有水，但每一个来过花房的人仿佛都已经沐浴了。如同我此刻沉浸在清晨的阳光中，才得以静下心来回忆我们的作品，分享设计思路。

2017年北京国际设计周作品"未来的浴缸花房"

花房的帷幔拂过草木

　　我们一直相信，当真的沉浸在一种环境中时，人对自己和周遭环境的真实认知就会浮现出来，这时候，灵感、启发、变化就会产生。比如，这次浴缸花房的创意，就来源于我们自己沉浸在花房后的真实需求和体验。

　　2017年的夏天，我和同事们是在武汉一个建筑工地上度过的，那时我们在做一个社区花房的项目。工地的旁边有一个集装箱健身仓，每天晚饭后，我们都会一起去健身，然后回到花房，巡视一遍花园，摘掉枯枝烂叶，捉晚上出动的虫子。武汉的夏日闷热，汗水在身上流淌，植物叶片在潮湿的空气中凝出露水，我们仿佛置身于森林一般。这时候，我们就在想，如果能在花房里洗个澡，也许是一天最完美的结束。

　　带着这个想法，我们参加了2017年北京国际设计周花植艺术节，本着对主题"人居·艺术·自然"的深度探究，以及对"花房是城市生活和自然生活的有机结合体"的进一步延伸，我们将关注点放在了人居环境中的沐浴空间，并将沐浴与自然进行了深度的交互和体验设计，根据对未来的畅想，将自然、艺术、科技进行结合，最终用花房作为表现形式，呈现了浴缸花房这一作品。

· · · · · · · · · · ·

　　我非常敬仰的一位园艺大师拉塞尔·佩奇曾写道："园艺师的目标应该是打造出适合、简单统一、营造放松情绪的花园。"

　　因此，空间设计是服务于体验的，在设计任何一个花园、花房或者小型植物空间时，设计师首先考虑的是如何让人进入这个空间后放松下来。

　　我去拜访康奈尔大学园艺系综合植物学教授时，他告诉我，学术实验证明，坐在一扇窗前，与看着城市里车水马龙的街道相比，看着窗前的花园或者任何有生命的绿植，会让我们的血压降低，记忆力得到提升，消极情绪得以有效缓解。

　　在浴缸花房的设计中，我们的空间设计师第一次去宋庆龄故居看现场环境时，就被古树不经意间勾勒出来的天际线打动了，他久久地仰望天空，说要让沐浴的人都能欣赏这片天空。后来，经过几轮推敲，我们选用了进口户外实木作为这次浴缸花房的外观，通过三根线条、两个直角来演绎更柔和的圆形结构。花房顶面是展开的，如果说教堂的尖顶可以与上帝直接对话，那么这次浴缸花房的顶面便是与天空的对话，与500年古树的对话，与自然的对话。每一位参观者，远远就能看到我们特别设计的顶部结构，走入其中必然会仰望，与天空对话。

浴缸花房顶面

· · · · · · · · · · ·

　　同时，我们选择了大量的热带绿色植物，以阔叶的天堂鸟和线条形的散尾葵交错摆放，在花房四周营造不同质感的自然森林气氛，并且在浴缸旁边重点摆放了两棵芭蕉树，任其平行生长的叶片，伸至浴缸上方，与人产生互动。在花朵色彩的选择上，我们选择了白色，包括白玫瑰、茉莉、雏菊等，对沐浴时的夜晚场景进行勾勒，因为白色花朵是可以在夜晚被肉眼看到的花朵。

　　我们相信对大多数人而言，工作后回到家中洗澡，洗去的不只是污垢，还有日复一日、年复一年的疲倦、伪装和焦虑。在"未来的浴缸花房"里，我们畅想，收集处理花房内的植物蒸腾作用所产生的水分，供人沐浴；将使用过的洗澡水，通过灰水处理装置和水生植物净化系统处理再用于植物浇灌；加上浴缸周围的蕨类植物，整个浴室空间变成了一个森林花房，沐浴的水就像森林里的瀑布与小溪，得以不断循环（这是对于浴缸花房的概念设计思路，尚未得到实际应用）。而我们日复一日、年复一年的压抑情绪，也将伴随着水的流动和植物的生长得以释放。

　　经历过这样一次沐浴之后，你会成为怎样的你呢？我们相信，每个女人心中都藏着一个少女，为此，我们在浪漫的玫瑰和鲜切花组成的花境中藏了一把粉色的百合椅，坐上粉色的椅子，找回曾经的少女心、初心、赤子之心，这时候，你变成了真正的你。

被绿植环绕的浴缸

藏在花境中的百合椅

沉醉在浴缸花花房中的少女

此时，真实的你我，也许只想倚靠在花房中，任夜色在帷幔里拂过，做场属于自己的美梦了。

在设计花房立面的时候，我们选择了相对随意的帷幔和整齐的阳光板。无论白天夜晚，只要有任何光影掠过，植物的影子都会落在帷幔和阳光板上，不同光影便是不同的画面，也带给每个人不同的美梦与未来的可能性。

这就是"未来的浴缸花房"，从一个我们自己的幻想，到上千人和我们一起体验的完整故事。

最后还有一个问题，请允许我不厌其烦地问下去：

嘿，你多久没在洗澡的时候哼歌了？

米米家的南北小院

—— 短日照花园植物配置与管理

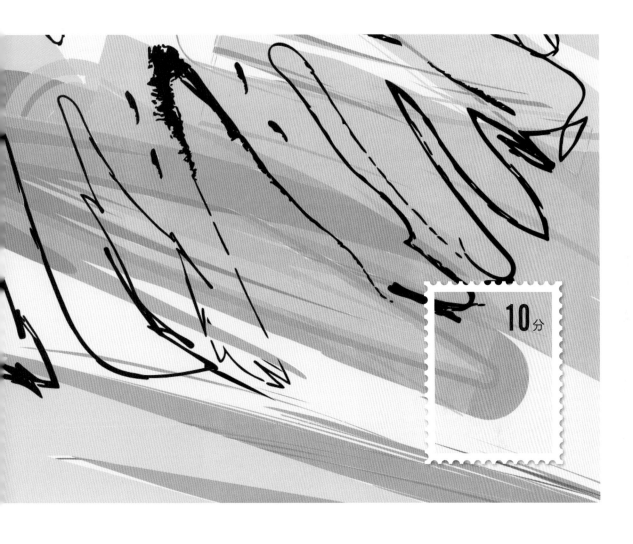

图、文／米米童

　　陶醉于与花草相关的各种美好"事业"，著有《铁线莲栽培12月计划》。除了铁线莲种植经验丰富外，在其他植物的种植上亦有心得，是名副其实的种植爱好者。

　　我的小楼是一栋联排别墅的中间套，在南院、北院、二楼南阳台和三楼南露台均可种植物。2011年底进行房屋装修的同时，对院子进行了基础施工，从此满腔热情地开始了园艺生活。二楼阳台主要种多肉；三楼露台主要种各种铁线莲，乍一看有苗圃的错觉；一楼的南、北两个院子则品种丰富得多，更像是花园。早期两个院子的植物配置以藤月、铁线莲为主，现在基本以短日照植物为主基调，搭配季节性球根和宿根植物。我在两个院子里摸爬滚打了6年，经历了许多挫折，但也收获满满。

2014年春天的南院

　　南院的基本情况：面积约16平方米，长条形，宽约2.4米，长约7米，其中2/5是入户台阶，台阶上只能放花盆。围墙高约2米，日照不佳，朝南方向能晒小半天，朝北围墙下日晒不到2小时。

2017年初夏的北院

　　北院的基本情况：面积35平方米，长方形，宽约5米，长约7米，三面砌有2米多高的围墙，另一面是房屋。沿着围墙做了一排花坛，墙面上设有防腐木的网格花架。夏季日照4小时左右，冬天基本没有直射阳光。

⋮体会一：　基础建设绝对不能有丝毫的侥幸

北院网格花架上的月季

爬出围墙的铁线莲'苹果花'

靠着围墙安装一片防腐木网格，沿着围墙砌上一排花坛，种上美美的月季，就等着花开成海。大概在每个爱花人的梦里，都有一个这样的场景。

2017年春的南院花坛

2014年春的南院

花坛，是我为院子做的第一个基础设施，也是最失败的一个。首先是花坛的尺寸偏小。房屋的地下一层是车库，意味着院子里的土层很浅，而花坛的宽度和深度直接影响到介质填充量，也影响着植物的持续生长。我的花坛宽约35厘米，深约40厘米，从表现来看，这个宽度和深度并不够。花坛至少要有50厘米的深度和宽度才能更有效地为植物提供生长空间。其次是花坛内混有太多建筑垃圾。砌北院花坛时，我告知工人只需要花坛不需要放任何土，然而工人们把院子里铲起来的建筑垃圾都堆进了花坛，还一本正经地说是肥沃的土，导致40厘米深的花坛里超过一半是建筑垃圾。堆进去很容易，挖出来很难。我抱着侥幸心理，只把大块的水泥石块捡出来，并没有把所有垃圾清理干净。两年后，问题就显现出来了。2012年1月初种进北院花坛里的月季，因为日照不足加上土层浅薄，经过2012年和2013年的快速生长期，以及2014年和2015年的爆发期，到2016年就开始快速衰退，2017年已经基本没有可观的表现。而南院花坛在我的监督下没有任何建筑垃圾，植物生长状况仍然很好。

南院的玉簪和铁线莲'大河''乌托邦'　　　　　　铁线莲'超新星'

· · · · · · · · · · ·

　　草坪，也没有想象的那么简单。花友女王的不老阁家有一片非常完美的草坪，所以我也在后院铺了一块草坪。然而，草坪并不是铺上就漂亮。仅仅一年，我就体会到了草坪对日照的需求有多大，对排水的要求有多高，对修剪的需求有多频繁。日照不足导致草皮生长不均匀，排水不畅导致积水烂根，没有及时修剪导致草坪变形。我眼睁睁地看着草坪从繁茂到枯黄，因积水而滋生蚊虫，最后决定将草坪改成鹅卵石地面。

　　种植介质是成功的基础。不管是盆栽、花坛还是地栽，种植介质都是植物生长的第一要素，也是植物持续生长的基础保障。为花坛做整体植料配置，为地栽做局部介质改良，为不同的植物选择不同的介质配比，是造园不可或缺的功课。北院花坛的建筑垃圾带来的影响是深远的，而且整改的成本极高，局部换土是目前能采取的补救措施之一。我2015年将北院西侧花坛的铁线莲换成了绣球，2017年将北院北侧的藤月换成了玉簪，换种短日照植物的同时也解决了介质问题。

　　对材料的选择要有长远的考虑。防腐木网格是我家院子和露台每个墙面都有的配置，也是我最得意之作。我所用的防腐木都是质量非常好的木材，请木工现场切割，现场打造，木材质量和木工手艺都无可挑剔，到现在已经用了5年半还完好如初。江南地区湿度大，容易生苔藓，院子里的踏步和北院的鹅卵石都考虑了防滑的问题。在花器材质的选择上，也优先考虑粗陶，不选用易腐坏的木质花盆。

虎耳草和矾根　　　　　　绣球和玉簪　　　　　　　　楼斗菜

体会二：换个角度看问题，"缺点"变"优点"

　　铁线莲和藤月是花园不可或缺的主角。在拥有这两个院子之前，我已经对铁线莲和藤月产生了极大的热情。应该说，是铁线莲点亮了我对园艺种植的热情，是藤月开启了我对园艺生活的幻想。所以，房子交付后的第一件事就是把原来公寓窗台上种的铁线莲移栽到院子里，然后就是去桐乡老园丁的基地大量采购月季。然而，等我明白日照对植物的影响，才发现自己当时犯了多大的错误。虽然种错了一些植物，但在不断改进的过程中，我也得到了很多经验。

　　经验 1：根据不同角落的日照条件选择植物。院子的朝向决定着日照时间的长短，院子角落的不同决定着接受日照的时间段。日照时间的长短，对植物生长的影响是深远的，而夏天是上午晒还是下午晒，对包邮区（江、浙、沪地区）的植物来说，则是影响它们发育的关键因素。所以说院子里的每一个角落都是不同的"地"，如何因"地"制宜选择植物，是我们的必修课。我选择耐阴宿根植物做院子的底色，虎耳草、矾根和蕨类植物耐阴、耐寒、常绿，种植在短日照花园里，既可以填补空白，又能成为花园的底色。在上午日照的环境里，大花绣球，以及铁线莲佛罗里达组（F组）、常绿组、长瓣组、早花大花组的品种都有很好的表现；而在下午日照的环境里可以种植更耐高温的藤月。此外，楼斗菜、玉簪和大部分球根植物都适合短日照的花园。

2018年春的北院

　　经验2：利用盆栽让院子四季常新。院子不大，想种的植物又很多，这大概是让每个爱花人都很头痛的问题。利用盆栽可以在不同季节展示植物的最好状态，能极好地解决这个难题。譬如，盆栽球根植物非常适合营造春天的小花境。郁金香、洋水仙等秋植球根种植零失败，只要在秋末种下，春天就一片花开；郁金香、洋水仙开完后，正赶上种植百合；百合开完后，就到了大丽花的花期。盆栽也更容易整体更新，院子里需要更新品种或者替补死亡植物的时候，盆栽的操作远比地栽容易。此外，盆栽还可以让你有效应对极端天气，遇极端高温、严寒和持续暴雨时，可以把它们搬到安全场所。

夏季的百合、大丽花

窗台上的角堇从冬开到春

初春的郁金香，之后换成了玉簪

南院的长瓣铁线莲‘粉色秋千’

爬出围墙的月季'欢笑格鲁吉亚'

经验3：利用围墙在短日照花园种植喜阳藤本植物。按照月季的生长习性，我的北院是不适合大部分月季生长的，因为11月至次年3月基本没有直射阳光，而7—8月下午西晒又很厉害。2012年1月，我沿着围墙在花坛里种了一排藤月，也算是无知无畏了吧。2013年，这些藤月没有特别明显的表现。2014年花开之季，当我站在院子里感叹没有几朵花的时候，散步路过的邻居对我说："你家的花开得真好啊！"我走出院子，才发现藤月爬出围墙的部分简直让人惊呆了！2015年，长到围墙上面和外面的部分显现出"墙里种花墙外开"的景象，很是壮观！围墙的高度虽然阻挡了进入院子的阳光，但围墙也为藤月提供了攀爬的便利，从而使其获得充分日照。和藤月类似的还有铁线莲晚花大花组和F组，采用中度修剪的方式管理，让更多的新枝条往高处生长，也可以在短日照花园获得更大的花量。如果你有一面围墙，不妨试试种棵藤月或者铁线莲，让它们爬上墙头，开在墙外。

南院的早花大花铁线莲'白王冠'

院子里的访客

墙头的藤月'朝圣者'

墙头的藤月'玛格丽特王妃'

佛罗里达组铁线莲'幻紫'和'卡西斯'

作为铁线莲的资深爱好者，我为大家推荐一类特别适合短日照花园的铁线莲——佛罗里达组铁线莲，也就是我们常说的F组。F组分单瓣和重瓣两大类，它们是铁线莲中比较特殊的一个群组，它们耐热、耐晒，也耐阴，生长旺盛，新枝条春秋开花，花量巨大，单朵花期长，修剪方式多样，深受花友喜爱。

佛罗里达组铁线莲'大河'和'乌托邦'

　　F组重瓣常见品种∶'小绿''幻紫''千层雪''卡西斯''恭子小姐''紫子丸''大河'。其中,'大河'作为F组重瓣的新秀,有更优良的基因,夏季休眠不明显,花谢后及时修剪,一年可以开春、夏、秋三次花。

　　F组单瓣、半重瓣常见品种∶'乌托邦''美好回忆''最好的祝福''微光''倒影''紫水晶美人''交响曲''蜥蜴''蝾螈''市长'等。

　　种植要素∶

　　1.种植环境。通风良好,半日照以上且避雨的环境特别适合它们生长。在所有铁线莲品种中,F组算是最耐阴的一类,但每天少于2小时的日照会导致植株生长缓

· · · · · · · · · · · · · · · · ·

慢。为重瓣的F组避雨可以大幅度提高它们的成活率，特别是每年的5—8月；单瓣的F组可以更粗放地管理。一般来说，朝南和朝东的屋檐下，特别适合它们生长。

2.介质和花盆、花架。F组铁线莲需要比较透气的介质（泥炭6份、谷壳炭1份、鹿沼土2份、赤玉土1份，其中鹿沼土可用桐生沙、颗粒硅藻土代替），因为F组较一般品种更容易患枯萎病和烂根。F组很适合盆栽，枝条柔韧性好，容易牵引造型，可以搭配高于1米的任何形状的架子。

3.施肥。不耐肥，避免使用有机肥，每年秋冬季节施用一次缓释肥，如美国魔肥。生长旺盛的3—5月和9—11月，均可以每10天施用液肥（速效肥）一次；对小苗和新苗使用液肥（速效肥）的浓度和频率适当降低。持续下雨和高温天气避免施肥，发生枯萎后停止施肥。

4.修剪。针对F组的所有品种，不管是单瓣还是重瓣，冬季修剪可以提前到12月进行，轻度、中度和重度修剪都可以。种植盆和花架较大的适宜轻度或者中度修剪；种植盆和花架较小的适宜重度修剪。一个小架子上攀缘的铁线莲经重度修剪后可以造型出一个花球，一面墙体上的铁线莲经轻度修剪后可以攀缘出一面花墙。夏季高温休眠苏醒前的修剪也可以参照冬季进行，在8月底按需求选择轻度、中度或重度修剪。

5.气温。冬季，重瓣F组品种在江浙地区可能不会枯叶，但叶片会转为红

佛罗里达组铁线莲'绿玉'和'蜥蜴'

褐色或者墨绿带斑点。当气温低于−5℃时，会冻伤叶片，但不影响存活。低于−10℃要对老枝条进行适当地防护，但老枝条冻伤也无碍，到春天还是会从植株底部萌发新枝条的。F组耐热性也比较强，较少发生热死的情况，但高温天会进入枯叶休眠状态，此时应避免长期淋雨。在气候温和的地区，如云南、四川等地，基本全年都不休眠，每一次花谢后进行中度或者重度修剪，都能让F组在约45天后再度开花。

　　花园很小，世界很大，花园里的世界无限大。热爱种植的我，在这小小的院子里慢慢地变老，朝待花开，暮为花忙，只想让岁月静止在每一个缤纷的季节。

我是盆霸

图、文／周程卓

　　网名"狗子猪"，园艺圈知名达人，自称园艺圈的"泥石流"，入圈不到两年迅速成为话题人物、流量之星，并获得过"2017年辛勤的园丁家庭园艺大赛"露台组一等奖与"虹越铁线莲大赛"一等奖。

25分

满是花盆的露台

· · · · · · · · · · · · · · · · · ·

　　看到这张照片，你一定会以为我在跟花盆谈恋爱。是的，作为一个园丁和露台党，我爱盆盆，盆盆也爱我。花盆可以盛放美丽的花朵，也可以承载我的喜怒哀乐；可以给我的露台加分，还可以弥补主人的颜值。尤其对于露台族来说，盆好一切都好，盆的选择和搭配成功了，花园也就成功了一半。那么，先看看我的后宫三千盆盆吧！

热带植物和水泥盆是佳配

水泥盆和雕花红陶盆的质感对比

露台上的花盆们

这些盆主要分为红陶盆、水泥盆和塑料盆，材质不同功用自然也不同。

红陶盆自然是经久不衰的盆中王者，因其良好的透气性和造型感，一直稳坐花盆的头把交椅。无论你的花园是复古风还是现代风，红陶盆都能驾驭。相对来说，现代风的花园更多选用线条简洁的国际盆。无论是对透气性要求很高的铁线莲还是对各类松柏"棒棒糖"来说，国际盆都是最佳选择，尤其是长钵国际盆，会衬得植物特别有气质。

浮雕花纹类的红陶盆则是欧式复古花园的最爱，组合盆栽种在大型复古陶盆里更是美不胜收。

用国际盆栽种的植物　　　　　　　　　有浮雕花纹的红陶盆"三姐妹"

　　这里说的红陶盆泛指陶盆，有白陶、黑陶、粗陶，以及经过特殊做旧处理烧制的盆，包括以前常用的瓦盆。当然，陶盆的缺点也很明显，价格高，盆很重，对于露台族和阳台党来说搬来搬去有点吃力，所以在我家只有铁线莲和一些重要植物才会用陶盆栽种，这些植物往往是颜值担当，而且不需要经常换盆移动。草花和时令花卉植物一般只是用陶盆做套盆，并不是真种进去，这样换盆更方便。

陶盆不只是红色

黑陶跟灌木更配

· · · · · · · · · ·

　　说到塑料盆，首先建议大家淘汰环球加仑盆（绿色、底中间印有一行"M"开头的英文单词的塑料盆）。这个盆已经侵占了我们花园的每一个角落，很难回避掉它，哪儿哪儿都是它的身影，几乎到了千园一盆的程度。再好的盆也经不起这样高频率地出现，这只会带来严重的审美疲劳。更何况它的功能性一般：透气性不如青山盆，实用性不如霍仑盆和百合盆，颜值不如塑料仿水泥盆。

　　塑料盆的颜色我最推荐黑色，低调百搭，怎么拍照都不抢戏，有隐藏感。至于"黑色吸热"一说，科学界并没有定论，因此，它在温度上的差别也可忽略不计。此外，"大黑方"也是深受花友喜爱、性价比很高的塑料花盆，可以作为月季或铁线莲的终身盆。

　　最后，就是近年来大行其道的水泥盆了，我家是现代性冷淡风的花园，热带植物较多，因此选用了较多水泥盆以表达工业风和力量感。说是水泥盆其实并不是水泥做的，而是镁泥，所以并不重，方便搬运。由于透气性不如陶盆，所以一般不直接栽种植物而是做套盆。镁泥可以仿制成红陶盆、岩石盆和锈金属盆，是花盆中的百变星君，而且室内室外都可以用。

　　水泥盆流行的很大一个原因是它的颜色。灰色是包容一切的颜色，低调、高级、百搭，能更好地衬托植物，不抢戏，这跟我们传统盆在盆身上画画、刻字的浮夸风完全不同。

　　就造型而言，有宽宽的帽檐的霍仑盆和百合盆最好拎，一手可以提俩。

　　不过，在各类花盆中，颜值最高的是仿水泥盆，轻便又百搭，气质极佳。现在，塑料盆的造型越来越多，基本上陶盆的浮雕复古花样都能用3D打印仿制出来，而且逼真度很高，这样大大方便了想要造型又怕重的懒园丁，价格也更为亲民。

"糯米盒"适合做大型藤月的终身盒

顺便提醒一下，要慎用白色花盆，因为它们在花园里太亮、太显眼，不和谐。

我家对各种盆的分配是这样的：月季由于长得快要经常换盆，所以大多用轻便透气的青山盆；铁线莲用长钵红陶盆，颜值较高的造型树，如"棒棒糖"之类的，也用红陶盆；大型植物一般用塑料盆或以种植袋打底，然后套上水泥盆。值得一提的是，种植袋（也叫美植袋）也是很好的盆器。果树及大型的藤月、牡丹、芍药等花卉需要大容器种植，因此用黑色毛毡种植袋很合适。口径50厘米左右的毛毡种植袋，一个只需要10余元，透气性绝佳，性价比高得实在让人心花怒放。

花园扮靓，光有盆是不够的，花架和屏风也是很重要的花器，尤其是藤编花架和铁艺屏风，它们往往是花园的神来之笔。

烛台里的袋鼠蕨

攀在壁灯上的铁线莲 '蓝光'

被花神"附体"的壁灯

铁框是花盆的铠甲

菜园三宝

再把盆和植物的话题延伸到室内，说说室内植物，毕竟大多数人跟室内植物相处的时间比户外植物多。对室内植物品种的选择主要取决于它的颜值和养护难易度。以前，室内流行种的"老三样"是绿萝、发财树和幸福树，这些的确好养但是颜值一般；现在的网红款是琴叶榕、龟背竹、千年木、大叶伞、仙人棍和虎皮兰。

仿陶盆的塑料盆是更轻便的选择

家中种植的虎皮兰和仙人棍

摆放在室内的琴叶榕

重点说说琴叶榕。"小琴"是近两年的爆款，几乎花友人手一棵，可惜很多人养不活，特别是熬不过冬天，叶子一落光，几百块大洋就扔了。去年我第一次种也是这样，一共大大小小买了五六棵琴叶榕，只活下来一棵，其他的叶子都掉光了。究其原因，琴叶榕是热带植物不耐低温，而我回老家过年前还给它们浇透了冷水，我以为它们都冻死了，然而故事并没有结束。由于我懒，一直没给"小琴"收尸，没想到春天回温时，这些"光杆司令"竟然又冒芽了。我请教了琴叶榕专家，原来叶子掉光只是假死休眠，判断它们有没有死透的方法是拿刀片刮一下树皮，如果还是绿的，就没死。今年我把这个小秘密广而告之，挽救了无数假死琴叶榕的生命。琴叶榕的株型也比较多，有傻愣密集型的，有棒棒糖型的，也有造型妖娆的艺术桩。建议大家通过修剪为琴叶榕疏叶塑形，因为室内植物过密的叶片会消耗更多的养分，疏叶有利于提高成活率，也能让植物更有造型感。"小琴"虽然耐阴，但是尽量将它安置在阳光多一点的南向房间才长得好。

仙人棍和虎皮兰是很省心的宝宝，跟塑料树一样，一个月浇几次水足矣，冬天一两个月浇一次也没事。此外，一些小型的室内植物也很受欢迎，小天使蔓绿绒、苹果竹芋、小光棍树，以及各类蕨都是不错的选择。我家的小天使蔓绿绒直接采用了水培的方式，方便、干净，又美观。

室内植物搭配的盆器也比以前更时尚，更多样。此前较常用的是白色、黑色或印有各式花纹图案的釉面盆，厚重、不透气，千篇一律，扑面而来的土气。近年来，有越来越多漂亮的室内盆器出现，各式各样的藤编篮筐、毛毡袋、金属筐等，风格多样，趣味满满，比植物更吸睛，成为家庭软装的亮点。一般来说，这种花盆都自带塑料筐内胆，不会漏水，花友们不用担心浇水的问题，它们就是为室内植物而生的。

室内的藤编篮筐

小天使蔓绿绒

防水纸袋也是很时尚的容器

海螺姐姐的花房

图、文／海螺姐姐

　　因为深爱家人，爱自然，爱生活，所以致力于做园艺圈最擅长美食的人，美食圈最精通园艺的人。

一窥花房之美

· · · · · · · · · · ·

　　每次我在花房里读书、看报、侍弄花草，总会引得先生时不时过来喝水、说话。此时，我也正好放下手边的活计，小憩片刻。这里俨然成了我们无话不谈的场所，成了一家人最愿意逗留的角落。除了聊聊家长里短、时事新闻，我们总免不了感叹修建花房的举措是如何正确。

　　当年买这栋房子就是看中了屋子采光极好，每个房间都阳光充足，可以养花种草，因此装修时没有专门修建花房。没想到第一年就颇受打击，房间里夏天开空调，冬天有暖气，四季恒温，人待着很舒服，可对很多植物来说却是个灾难。再加上室内太过于干燥，以致除了热带植物，其他的植物在屋里都长势羸弱，枝条纤细发黄，花芽消苞。原来，植物除了喜欢阳光，也是需要温差的。于是，开始规划修建一个面积适中、易于打理、没有暖气而又温度适宜的花房。

　　北京的冬季干燥寒冷，但阳光极为灿烂。阳光下的室内就算没有暖气，白天也能很温暖，如果能解决好夜晚的保暖问题，修建花房是很合适的。可是，到了夏天，房里就会酷热难耐，没有空调的花房如同桑拿屋，只能当作储藏室，人基本不能进去，花房就成了鸡肋。

　　我和先生为花房的位置商酌了很久，从光照、温度和便于打理的角度思量，再秉承我家一贯的指导思想——物品的存在不仅要有观赏性，更要有实用性。我们的意见最后达成统一：花房不能修建在院子的中心地带，只能在花园一隅，既不能破坏主体建筑的结构，还要能为花园增光添彩，不仅是花草的储藏室，更应该是客厅和餐厅的延伸，是全家冬季活动的主要场所之一。

　　综合以上因素，先生细细思量，确定了花房的位置，满足了我的心愿。

· · · · · · · · · ·

　　我家原本有个下沉式庭院，面积约70平方米，因为考虑到北京冬季的风沙大，先生用玻璃窗把它封闭起来做了一个小型室内运动场。运动场层高6米，设施俱全，不仅有球桌，还有篮球架。在冬季，这里既是先生的健身房，又是我晒香肠、晾腌肉的地方。

　　运动场上方是我的露台花园，20平方米的花房就修建在露台花园的东南角，2/3在露台上，1/3外扩出去并新做了玻璃顶和玻璃墙。从上午7时多一直到下午4时左右，花房里都阳光充沛，成为名副其实的阳光房。

　　花房紧挨着我家的书房，书房曾经是家里温度最高的房间，冬季白天约28℃，晚上25℃左右，闷热干燥，我们在里面根本待不住。现在，把花房和书房连接处的窗户拆掉，作为出入口，不安装门，只有一层厚厚的布帘，既是装饰，又可调节室温。经过一番改造，书房的热量能散发一部分到花房，如此，冬季里书房白天室温约为20℃，夜晚16℃左右，宜居；而花房没有安装暖气也能保持一定的温度，白天在阳光下室温25℃左右，人微微冒汗，晚上7℃左右。充足的阳光和合适的温差让花草得以安然过冬，花房也成为植物的天堂。因为不安装门，这两个屋子也成为一个整体，每次先生说花房有20平方米，我都要纠正："不对，是40平方米。"

　　书房阳光也是极佳的，这里安放了一张长条桌，摆放了不甚耐寒的植物，也能从视觉上成为花房的延伸。当然，书房的功能也发生了改变，抬走了书桌，添加了茶几、电视、一组沙发，这里被改造成一个起居室。

花房里的多肉和摆件

· · · · · · · · · · ·

而夏季，花房因为只有 1/3 是玻璃顶，下部又中空，是地下室，温度不会很高，我将这里打造成一个杂货花园，摆放耐热的花草。花房外露台花园里的茂盛植物，既能给花房遮阴降温，也能与花房内的植物相互映衬；而花房亦成为露台花园的一个精彩角落，不再是鸡肋。

花房完工以后，我把心爱的多肉，铁线莲 F 组、常绿组，往年扔弃的天竺葵等草花搬进屋，再配上各种小杂货、家具，花房终于打造完备。早上起床后，我们第一时间就去查看温度、湿度，观察每株植物的生长状况。

入冬种植的球根都已破土而出，铁线莲的芽苞和枝条粗壮结实，天竺葵、仙客来等萌发了很多枝条，鲜花不断，往年易徒长倒伏的中国水仙、酢浆草等在这里矮

花房里杂货一角

壮多花，花期很长。尤其是多肉植物，不再徒长，敦实紧凑，颜色丰富多彩。

　　自从有了花房，家里的早午饭基本都在花房进行，如果恰逢朋友来访，人数不多的情况下，大家一起闻着花香就餐，饭菜都似乎更香甜可口。

冰淇淋酢浆草

仙客来

洋水仙

花房里斗艳的花草们

阳光充沛的午后

组合盆栽

· · · · · · · · · · ·

　　自从有了花房，舍不得浪费每一丝阳光、每一寸光阴。午睡取消，花心思烘焙各种点心和甜品，享受着我们的下午茶时光，生活多了不少仪式感。

　　自从有了花房，先生也很少单独活动，每天午饭后泡壶茶，一起沐浴阳光，谈心交流，自诩补钙进行中。

　　我们经常得意地感叹："有了花房，咱家幸福指数更高，生命质量更好！"

从院子里看花房，绿意葱茏、春意盎然；从花房里往外看，花园里线条流畅、错落有致，心里规划着来年的梦想，祈盼着春天的来临，心中有希望就是幸福。

花房的诞生，不仅让我的花园做到了四季鲜花盛开，也消除了北方冬季的萧瑟带给人的情绪低落和伤感。每次眼光触及花房，看着生机勃勃、绿意盎然的角落，心情都特别舒畅。每天通过劳作，认认真真地感受一下和植物相处的过程，感受自己亲手种下去的小生命散发的力量，就能获得平和宁静的心境。

朱顶红

花房里无处不在的生命力

如果你也爱花，那给自己修建一个花房吧！不管它多大，在哪里，只要有阳光，就一定能照亮你的心房。

DON'T LET THE NOISE OF
OTHER'S OPINIONS DROWN OUT
YOUR OWN INNER VOICE

阳光下的花草

· · · · · · · · · · ·

友情提示

1.花房修建的方位很重要，一定要朝南，这样阳光才会充足，寒冷的冬天才有意义。别的方位只能是植物的储藏室，你不要指望它们开花、茂盛生长。

2.花房一定要有温差。如果有暖气，晚上调低温度，一般5℃左右。现在有自动调温、节能很棒的取暖设备。

3.多肉、天竺葵、铁线莲、仙客来、长寿、报春、酢浆草等大多数植物都适合在花房里生长。

4.明确自己花房的功能，如果只是植物种植空间，需要配置收纳园艺用品的家具和桌子，还要配一把结实的小凳子，供爬高上低和小憩片刻时用；如果需要具有部分客厅、餐厅的功能，则要选择合适的家具，合理摆放植物，以不影响人活动为宜。

5.最好立体种植，善用各种吊钩和阶梯架子，这样能解决空间有限的问题，也能让花房特色更突出。适当点缀以心爱的园艺杂货，凸显你的品位，丰富花房的内容。

6.修建花房尽量找正规的施工单位，需使用双层以上的真空玻璃，极好的玻璃造价昂贵，但能让更多的紫外线进入屋里，更适宜植物的生长。如果要求不是很高，选择大品牌厂家生产的就可以。夏季如果使用花房，最好配有遮光帘，帘布安装在外面比在里面效果更好。

7.如果条件允许，可以搭建标准的英式花房，外面装上电动遮光布和洗刷装备，屋里安装空调，那绝对是花房里的"劳斯莱斯"，一年四季都是你的天堂。

25分

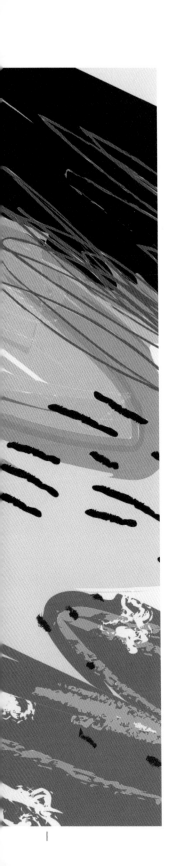

如花在野

图、文/洪 青

　　种花三年，从最初的喜欢到现在的痴迷，从简单的劳作到感受花开花落。花园里的点点滴滴，不仅是愉悦，更是滋养。

我是个散漫的人，对生活的细枝末节从来都漫不经心。

因为爱好广泛，所以时间对我来说总是不够用。我喜欢打球、旅行、滑雪、烘焙和种花，却因为打球而摔伤了膝盖，又因为种花而疏远了烘焙，更因为旅行和滑雪使我的花园时常因无人打理而略显凌乱。

然而，我总觉得这样也挺好，那些凌乱的花草自在悠然地享受着阳光、雨露和风的抚摸，一如它们本来的样子。

所以说，如花在野。我喜欢花儿们凌乱的样子，也喜欢自己散漫的状态，因为散漫的女人永远都不必浪费过多的时间去考虑化妆和穿戴。

我家花园故事的开头也是很"凌乱"的，因为它和100株盘根错节、剪不断理还乱的凌霄有关。

那是2003年的春天，为了躲避"非典"，我买下了京郊一栋带院子的房子。入住之前，我根本没有造花园的意识，只是在前院铺了一大块草坪，又在草坪旁种下了杜仲、银杏、红枫、樱桃、海棠等几棵可以遮阴的大树。在草坪的东边，我给儿子修了个篮球场。每天阳光最好的时候，我就坐在树下看狗狗们撒欢，看儿子在篮球场上灌篮，享受着那时依然纯净的阳光和天空，倒也觉得简单美好。

那时候，后院是无人光顾的，因为那里还是一片杂草丛生的荒院。那时候，我还很"贪玩"，所有的闲余时光都用在了打球或者去球场的路上。那时候，虽然已经有了院子，我却从没有想过要认真地莳花弄草，我只想像院子里那些与世无争的树一样，为岁月而生长。如此，我就这样安逸地、散漫地度过了最初的、没有花花草草的、岁月静好的十年。

十年后，儿子已经背起行囊到异乡壮游，草坪旁也已经大树成荫，只是偌大的院子显得越来越空旷。于是我决定在草坪上搭个露台，搭个葡萄架，在四周种些花草，让自己在院子里有个可以看书、喝茶的地方。露台搭完后，我又请工匠在露台边铺了一条石板路。如此，一台一路，就形成了我今天花园的核心部分。

依藤架攀爬的'戴安娜王妃'

· · · · · · · · · · · · · · · · ·

　　在改造草坪的同时，我还将露台边的小亭子装修成了烘焙厨房。当时我想：儿子走后，我应该会有大把的时间可以消磨在烹调美食的过程中吧！为了让这个烘焙厨房看上去更养眼，我决定在窗外种些攀缘植物。碰巧小区里来了个推销花木的小贩，见我向他咨询，便推荐我种他带来的紫藤。

　　一大株紫藤落地，厨房的窗前立刻就有了生机，与原来只有大树的院子相比，花园的风景立刻被柔化了很多。见我一脸的满意，小贩趁机进言："您看看您的院子，除了建筑就是树，哪里有花园的感觉呀？不如沿着围墙多种点儿凌霄，闹个满园春色，多壮观呀！"那时还对凌霄完全没有概念的我马上同意。于是，小贩在院子里整整忙活了一日，到了晚上结账的时候，他告诉我："前、后院的围墙边儿都种满了，实在是没地再种啦，一共种了100株。待到开春，您就瞧好吧！它们一定会开爆的！"我于是一边给小贩点钱，一边憧憬来年花园里的景色。这是我第一次为除了树以外的花园植物买单，也是我第一次接触园艺花卉。

　　看到这里，园艺界的高手肯定会想，这100株凌霄会把我家的春天"闹"成什么样吧。凌霄，是一种侵略性极强的植物，一旦地栽就很难铲除。自此，我和这100株凌霄之间就展开了一场旷日持久的大战：每年，我都玩儿命地剪；每年，它都玩儿命地长。也正是在这场人与植物的大战中，我慢慢地积累了经验，也慢慢迈进了园艺的大门。

　　2015年，我因膝盖受伤无法出门打球，只好拿起锄头，开始修整花园。这一次我吸取了上回的教训，不再轻信上门推销的小贩，而是上网找了家绿化公司，把一箱箱绿化花苗搬进了花园。所谓绿化花苗，是指园林公司用于街头绿化的花苗。这是我入门家庭园艺以来，上的第二"当"。

休闲区一角

　　尽管如此，那个春天我都沉浸在种植的快乐里。都说园艺是有治愈效果的，每天玩土，也的确让我忘却了不能打球的苦闷。五月初，我出了趟门，月底回来的时候，各种绿化花苗居然已争相绽放了，有紫露草、天人菊、千屈菜、垂盆草等等。这些后来遭到嫌弃的绿化品种对于当时的我来说已经相当惊艳，毕竟原来空空如也的院子，现在已有了鸟语花香。

　　从此，我开始关注园艺论坛和微博，也终于知道了绿化苗与家庭园艺苗之间的区别。网上那些令人眼花缭乱的园艺花卉常让我无从下手，所幸，没过多久我就认识了我的园艺师父"药草"和"海螺姐姐"。自从有了师傅领路，我对植物的认知也一下子变得海阔天空，再也看不上普通的绿化苗了。用师傅们的话说，它们都是"普货"。

　　"海螺姐姐"教会了我种植铁线莲，还带我去她相熟的卖家那儿买花苗。卖苗的大姐怕我这个新手糟蹋东西，就严格限制我购买的品种，她推荐给我的铁线莲都非常强健，仅用了一年的时间就爬满了我为它们订制的四个木架。于是，我又找工人用钢筋做成了两座拱门，至此，我的前花园就初具规模了。

冬季花房的色彩

　　自从有了前花园，我的绝大部分时间就都是在户外度过的了。我会亲自修剪残花，梳理弱枝，施肥换土，播种扦插，采撷压枝，拔去杂草，依着虫子的粪便找到蚕食花叶的罪魁祸首，顺手把大大小小的蜗牛送进堆肥箱。我还从网上买回了上百只瓢虫，以预防蚜虫灾害的爆发。

　　建花房当然比建露台复杂得多，但凭着当年装修烘焙厨房的经验，我还是轻而易举地完成了我家花园里的第二项园艺大工程。顺便说一句，自从有了花园，我就再没进过那间装修精美的烘焙厨房。

　　植物的生命力和适应力远比我想象的要强，只要给它们适宜的阳光、水分和土壤，它们就会像小孩子一样茁壮地成长。从破土到花开，再到花落，它们的与世无争，也常常让我感动于生命的安详与无常。那些来自南方的不耐寒的植物，在我的玻璃阳光房里也能怡然生长，每一次走进花房，我都会情不自禁憧憬起它们以后的样子。现在，我比任何人都期待冬天的到来，因为，当庭院里的花全都凋谢了以后，依旧有一个可以挡得住雾霾，闻得见花香的地方等我归来。

阳光房里盛开的绣球

刚刚建成的阳光房

绽放的铁线莲和大滨菊

随意摆放的干花

　　和植物在一起的感觉永远有说不出的美好，因为从叶片到花蕊，从脉络到色彩，每一株植物都是那么独特、有个性。每天与植物和泥土亲近让我的身体对光照和气味更加敏感，长此以往，吸引我的就不只是扑鼻的花香，更是泥土和青草的味道了。

　　世间还有什么比忘了时间，却又能清晰地感受到它的流转；忘了世事，却又能真实地感受到自己与自然的相融更让人觉得幸福呢？作为一个不习惯做规划的人，其实我一直没有认真想过自己到底要一个什么样的花园，我只想慢慢地充实它，让它成为我能够随心所欲的一方净土就好。

· · · · · · · · · ·

　　今年的春天，比以往更惬意，一切仿佛都是刚刚好。旷日持久的凌霄大战终于结束，100株凌霄全部被我清理出门；去年种下的十几棵彩叶枫也顺利地过了冬；铁线莲、欧月和各种宿根花卉也全都长势良好；新开垦的一小片空地也足以满足我新的种植愿望。

　　我家的两只大狗已经终老，我把它们安葬在银杏树下继续陪伴着我的花园。现在常伴我左右的，是去年入冬时，流浪狗在我家花园地板下生的一窝小狗崽，如今它们已经长大，变得调皮而黏人。喜鹊和麻雀已是我花园的常客，刺猬和壁虎们也在此安了家，而我也可以偶尔静静地坐在被鲜花簇拥着的露台上看书、喝茶，享受一个园丁应有的片刻闲暇。

　　海明威说："不论是好事还是坏事，一旦结束，总会让人感到空虚。如果是坏事，空虚感会自行消失，而如果是好事，你无法填补这空虚，除非发生更好的事。"

　　园艺于我，就是一件永远不会结束的好事。因为我知道只要我给予花草们足够多的爱，它们就一定会回报给我一个如花在野的美好明天。

　　是故，我期待所有一睁眼就能看见花园的清晨。

　　是故，我期待所有能够伴着花香而睡去的午夜。

　　是故，我期待我余生中每一天都可以有花陪伴，

　　无论它们是凌乱，还是散漫……

冬季阳光房里的三角梅

一个数学老师的"减法"花园

图、文/魏 莲

　　一个种花十余年的"花痴"。经历了四个阶段：把花种死、把花种活、把花种爆、学会与花儿淡然相处。花园在成熟，而我，在成长。

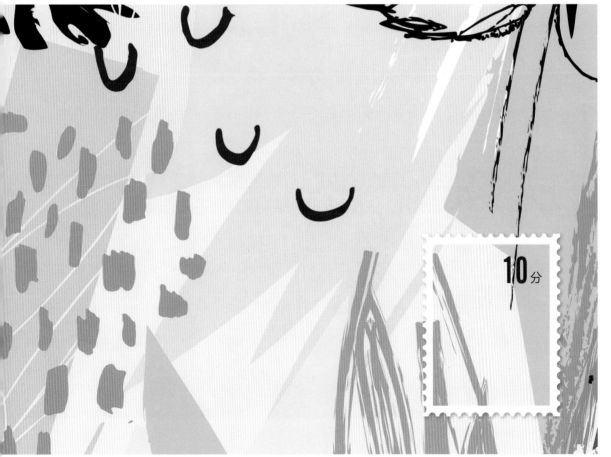

早春，香雪球散发出迷人的香味

秋日午后，花园里静谧而美好。

花园里飘落的花瓣同样让人着迷

用上好的玫瑰和枸杞沏了茶，点了香，慢慢坐在花园里的圆桌边。

远处一大丛一大丛的特丽莎香茶莱（又称"莫奈薰衣草"）将粉色细格的桌布衬得格外柔和。这些花，今年已开过三拨，深色叶丛中一簇簇浅紫的小花儿让这个角落显得格外静谧而安详。很多朋友都说，这里给人一种练功时"入静"的感觉，即使刚到时大汗淋漓，坐一会儿就能心平气和，舒服极了。

一小口、一小口地呷着香气四溢的茶汤，从从容容地读上几页闲书或者写个千字小文，甚至，什么也不想，什么也不做，干脆就这么半倚半躺地坐上一下午……

然而，像今时这般的闲适实在是来之不易。

在经历了七年的坎坷之后我才越发明白，治理花园也要经历从喜爱到狂热、从狂热到困惑、从困惑到思考，到最后痛下决心——该舍即舍、该弃即弃的若干阶段才算圆满。

唯有给自己的花园做过"减法"的人，才会有时间坐下来，边喝茶，边和大家聊天儿。

多肉植物簇拥在花园的角落

　　记得刚有园子的时候，我总是把花种死，花市一盆漂漂亮亮的花到了我们家，要不了多久便香消玉殒。我为此经常跑去花友阿静那儿抱怨，而她总是淡然地对我说："继续种吧，继续死吧，总有一天就不死了。"阿静，这个小我十多岁的长发妹子算是我园艺入门的师傅吧。我们经常约着疯狂地淘花、种花，恨不得把天下所有的奇花异草都种到自己的花园里来。

　　有一年，阿静从深圳带回来两株珊瑚藤。为了能让它们顺利过冬，我俩在深秋，把花藤从地里挖出来种进盆里，运进室内；天气好的时候，再赶紧搬到屋外晒。然而，这样不辞辛苦地细心照料，依旧没能留住这两棵娇贵的珊瑚藤。第二年开春，它们还是毫不留情地"仙去"了……

　　那时候，我可无福享受一如今日般在花园里焚香、沏茶、写文章的好日子。花丛中那些突兀的枯枝总是剪也剪不完，让我不得不一次次起身。那时候，我日出而作，日落却不能息，每天除了上班，还要修理花园，繁重的工作，总是干也干不完。

一日，表妹来访。我俩一前一后在花园里走了很久，突然她在背后幽幽地说："老大，你还不到五十岁，怎么看背影，像个老太婆，你也太不在意自己的形象了吧！"当晚睡觉前，我站在镜前仔仔细细地打量自己，当看到镜中那个圆肩、驼背、腆着肚子、略显老态的中年妇人时，我才惊觉：这几年，我的心思都用在"打扮"花园上了，全然忘记了打扮自己！

不，我要的生活不是这样的！那一夜我失眠了，辗转反侧，最后做出决定：必须改变！可到底该怎样迈出第一步呢？我是一个数学老师，一个会种花的数学老师，一个具有较强逻辑思维能力的女汉子，因此，遇到问题，总能理性地思考、分析和解决。对，做减法！减掉难以服侍的奇花异草，减掉打理花园的时间，去健身，去舞蹈，去改变！

于是，从第二天起，我这个数学老师就把"化繁为简"的数学思维活用到了我对花园的打理中。

我家花园有三百多平方米，分为了几个花池。要为花园做减法，就要选择恰当的花草，让花园良性循环起来。于是，我先给花园确定了总基调，再给每个花池选定了主题。

花园中的花池

用多肉植物装扮花园

　　考虑到光照、角度、整体色彩等因素，我先调整了高大的木本植物的分布，让各个花池中的木本植物都大显其能，尽显本色。这样一来，二月，贴梗海棠开到让人温暖；四月，木绣球的白色花球让人陶醉；五月，枫叶红似火；十月，蓝紫色的巴西牡丹浪漫非凡。然后，我又分区、分片、分点地移栽、补种了宿根植物。最后，才是当季（一年生）花草的运用。

　　经过这样的调整，我发现每个花池里仅剩下一小片区域的花草需要每季更换和打理，而且仅需更换一两种应季花卉作为主调，再佐以部分特色花草，便可使不同的花池呈现出不同的效果了。

　　每年三月，成都还很寒冷，花园里也依旧满目萧条。但此时，如果把多肉和球根搭配好，就足以让这个初春的花园尽显妖媚。你看，黑法师高挑有范儿，而各种莲花属的多肉老桩在那些花器的衬托下亦显得格外丰满独特。

黑法师搭配莲花
属多肉植物

十几个小球组植而成的垂筒花能从十二月一直盛开到次年四月，几十枝红色的花，长长久久地开着，既没虫害，也没病害，让人心生感动。

兰花韭，也是一种早春花卉。当春回大地，万物萌动，花园里刚刚有了些许绿意的时候，它那蓝色的花，就已有了沁人心脾的芳香，这种芳香让我闻到了春给这个世界带来的生机和希望。

花园时常有小动物造访

天竺葵也为四五月的花园添色

• • • • • • • • • • •

　　四月到五月，花园到了最美丽的时刻。此时，我家的第一主打花——玛格丽特开始登上舞台。之所以选它，是因为它极易扦插，长大之后能开出极具震撼力的花球来。当年成都花市上并没有这种花卉，我是用在花友贴吧里交换来的小枝条扦插出来的。记得第一年，花园里盛开的三种玛格丽特引来了无数赞叹；而第二年，当我家的天竺葵在盆里爆花的时候，我在邻居眼里俨然成了报春的"花仙"。

　　五月到六月，玛格丽特和天竺葵渐渐退出舞台，本地的绣球花粉墨登场，我的花园也迎来了最出彩的时节。我早摸透了绣球花的习性，如今它已经成为我花园里最惊艳、最皮实的一个品种。今年，我又种了进口的'无尽夏'绣球，它的花虽美却有遗憾，一遇大太阳，就算早晚都浇水，花球也会在下午打蔫儿，不如本土绣球有着"壮硕不惧"的品性。

　　六月到七月，特丽莎香茶藨开始盛开，一片片、一丛丛、一簇簇的紫色花让人在渐热的气候里得以静下心来。如果说硕大的绣球给人的感觉是惊艳，那么细碎的特丽莎给人的感觉则是收敛，它们在视觉上给人带来的舒适感是不言而喻的，一如《易经》里的阴阳之说，常让人有一种心满意足的平衡感。

　　七月到八月，成都的气候闷热而潮湿，蚊虫肆虐，我会减少停留在花园里的时间。这时，自播的白色、粉色和红色的鼠尾草会迎风摇曳，我就算远远地隔着玻璃，在饭厅里也能感到它们普罗旺斯式的浪漫。

盛开的绣球花

鼠尾草

　　九月到十一月，夏季开过的特丽莎会再次开出第N拨花来。为什么是N？因为这取决于天气，天气好，一年就能开出四五拨花来。在这个有着"秋燥"之说的时节，特丽莎的紫色足以让我安静；而它们多年生的本性又让我可以心安理得地享受眼前的这片略显奢侈的灿烂。

　　我很庆幸，如今，在花草的配置上，我已经从以前那个什么都想要的"品种控"超脱了出来，这种超脱让我明白：花草是为花园服务的，而花园则是为我服务的。所以，一个聪明的数学老师应该在花园中做减法，让人从繁重的体力劳动中解放出来。

　　那么，我到底减掉了些什么呢？

　　我减掉了从花市上买来的白色和黑色的塑料盆，精选出富有特色的陶盆。

花园中的特色盆器

减掉了许多月季，仅保留了粉色的'龙沙宝石''藤小伊'和几株欧月。放弃它们是因为它们多刺且多病。

我戒掉了去花市看见奇花异草就购买的冲动。

戒掉了对铁线莲的狂热迷恋，在我看来，成都的气候并不太适合种植铁线莲。

· · · · · · · · · · ·

做好了花园的减法，我就有时间对自己的身体做加法了。健身和舞蹈给我带来了形体和心情的改变。如今，做完了"加法"的我一身轻松，而做完了"减法"的花园则清爽宜人。

花园于我，已不再意味着辛勤的劳作，植物良好的生长状态足以让它年复一年地循环往复，自然而美好。这样的"减法"花园常让我想起做花园的初心。

那么，做花园的初心到底是什么呢？

爱花？

为什么爱花？

因为，爱花朵的美丽！

女人如花，唯有自己美丽了，才能信心十足地去面对和享受生活赋予女人的全部的爱！

花架上的铁线莲

造园未完待续

图、文／勇气果子

　　一枚野生的园艺爱好者。野，只因不喜引经据典，只信仰自己的直觉与实操。

　　个人公众号"果子的花果山"，都是关于花园与植物的胡说八道。莫问来路，只知归途——花园是我身心的栖居之所，更是纷纷乱世里最后的精神领地。

造园三月，如隔三秋，漫长而又充实。

对于园艺爱好者来说最幸福的事，莫过于与花园一起新生、成熟，看着一地的薄弱贫瘠渐趋丰满。每一朵花开，在我们眼里都是自然的盛大演出。

我的这座新花园还未完成，而这种未完待续的状态，也许还会持续很久。

在花园地基画下蓝图是实现花园梦想的第一步

∴等等等等，等一座"心"花园

从离开旧花园到拥有新花园，我大概等待了一年的时间。

旧花园是一个长12米，宽6米的露台。这个从水泥地面生长起来的花园，陪伴了我整整六个季节轮回。我记得每一棵植物的来龙去脉，熟悉每朵花苏醒和凋落的节气，用双手捧过每个角落的泥土。开满粉白大花的木槿，是在花卉市场用20元钱买回来的；贴梗海棠被我从一个扭曲的盆景修剪成了一棵小树，她总在乍暖还寒时开出一团团浓郁的朱红花朵；早春，宿根植物里第一个破土而出的，是东面花坛脚下的那丛名叫'鳄梨沙拉'的玉簪；马尼拉草坪里永远潜伏着蠢蠢欲动的铜钱草；花园西侧的大花盆下面有个洞，里头住着一只孤独的癞蛤蟆……

很长一段时间不想去翻看花园以前的照片。只有我清楚，自己为这座花园付出了多少，又收获了什么。情感这类东西，往往是自觉有千钧之重，可别人看来，不过是云淡风轻。我竟然稀里糊涂地同意家人把那个房子卖掉了。

彼时能够拯救我的，大概只有一座新的花园了。

最终定下来的新房子在远离闹市的新区。在没有交付以前，我常躲过保安的盯梢，钻过工地围挡去窥探那块荒芜的空地。

这是一栋联排别墅的西边户花园。有南、西、北三个部分，总面积大约有165平方米。对于一个园艺爱好者而言，这个面积有些尴尬。看上去还好，但又处处捉襟见肘。

有时候我会一个人在院子里待着，什么也不做，只怔怔地望着太阳在头顶移动。

早上八点，阳光早已越过东面的小山包，斜斜地洒满整个南花园。"要求全日照的植物应该都安排在这里。乔木要用落叶树种，冬天才能在这儿晒到太阳，那就一棵银杏好了。"我在心里叮嘱自己。

时至正午，西侧花园被光线贯穿、点亮。站在房子的入户门口，穿堂风便呼呼地撩着我的裙摆。"夏天的早晚可以在这里乘会儿凉吧，"我又琢磨，"除了绣球，还有哪些植物适合半日照的侧花园呢？"

冬天的时候，北花园一片黯淡。我想着要把放肥料和工具的杂物柜安置在那儿，放堆肥箱的地方也要提前留出来。

到了春分，太阳悄然北移，再到夏至，南花园的墙角已经没有阳光直射了。"夏天的北花园西晒很厉害，这里的喷灌、滴箭要密集一些。南花园的靠墙处也没必要留出种植区了。"我暗暗提醒自己记住这些来自旧花园的教训。

到后来，我闭着眼睛都能在脑海中勾勒出花园的构造，盘算出各个区域的光照时长了。

那段时间，我最享受的事，莫过于睡前戴着耳机，一边听音乐，一边想象未来花园的模样。最常听的是电影《钢琴课》的主题曲 *The Heart Asks Pleasure First*，这曲子的旋律像雨后的山涧一样急促而流畅。电影里的女主人公在阴郁的海边弹琴，独自沉浸在那种短暂的、别人无法侵袭的欢愉里。而在那些暗夜里，我的脑子里仿佛有一支笔，不断地给新花园打着草稿，这让我对电影中女主角的快乐感同身受。

那支笔常常停不下来——

有平坦的园路，能让我的柯基犬"铁锅"自由奔跑。他的精力实在太旺盛了。

有一个大大的沙坑藏在休闲平台的地板下，给我家刚满三岁的小男生消磨时间。天知道沙子为什么对于他有那么大的吸引力。沙坑上做个活动的盖子，玩的时候才打开。

种植区可以分散一些，小一些，方便我随时蹲在花台边打理。太宽的种植区维护的时候会很麻烦——有时候你都找不到下脚的地方。

鱼池简单点就好，不用太深，养几尾活泼的红白鲤鱼。睡莲、苔草、鸢尾这些水生植物要种得满满的。过滤系统也要隐藏在休闲平台的地板下。

休闲区要留大一点，否则客人稍微多一点就站不下了。附近还需要一个备茶区，放一些常用的喝茶工具，以及洗手、洗杯子的台盆。

有一天夜里，我觉得似乎已经把所有关于花园的需求、细节都攒齐了。于是翻身而起，用一晚上的时间，把心里那座花园的平面设计图画了出来。

取材，汝之砒霜，吾之蜜糖

我一刻也等不了，要将纸上这座花园变为现实。

造园的材料得自己一样样去寻回米。堆砌花坛的石材用哪种？户外防腐木选芬兰木还是樟子松？洗手台的台面用大理石还是木板？地面排水需要几根透水管？所有材料的质感、颜色、风格是否和谐统一？材料发货过来需要几天时间？自己亲手造园就意味着，一旦开始，每天都有一百个问题等待你一个个解决。

比如找堆砌花坛的石材，就费了一番功夫。

我一直觉得，植物构成的花境是花园的灵与肉，会随着四季变化有着自然的律动，柔软又温存；而石材是花园的骨骼，不论年岁如何更迭，石头是永恒的，坚定又强大。

我心中想要的石材是这样的：由于房屋外墙整体是大地色系，又有米色真石漆墙面、深灰屋檐和深咖啡色门窗，石材的颜色要偏暖；一定要自然石，人造文化石的成本相对较低，但如果工人不熟练，拼接出来的效果会很不自然；石材本身要有一定厚度，能够堆砌出记忆里的家乡丘陵风貌。

我花了好几个月的时间在本地熟悉的石材市场到处溜达，"骚扰"了朋友圈所有做石材的商家。想过用弹石（一种用黄锈石切割以后将边缘打磨、滚圆的石材），但其颜色偏浅、偏冷，被我放弃了。大块的鹅卵石价格便宜，但是滚圆的石头不好堆砌，很占地方，而且特别沉，打理植物经常要爬上爬下，鹅卵石不好下脚，下雨还很滑。耐火砖的颜色合适，可我又嫌它太整齐了。而进口莱姆石，由几亿年前海底的岩石生物等冲积而成，颜色、质感都很完美，据说欧洲的古堡、教堂外墙大多用的莱姆石，但其价格实在太昂贵了。

最终在花友兔毛爹的推荐下，我选择了一款无论是颜值还是性价比都极高的石材——黄木纹板岩。

• • • • • • • • • • •

　　这并不是什么稀罕贵重的材料，只是很难在本地找到我要的规格。常用的黄木纹板岩会被加工成3厘米左右厚度的薄板，用来铺贴地面；或者是厚重的立方体，用来堆砌挡土墙。

　　最后找到的商家，远在河北保定。我将自己在网上找到的一张图片发给对方，反复问实物是否会一致。对方答："世界上不会有完全一样的石材。即使是同一个名字，同样的矿坑开采出来的，每一块的颜色、花纹还是会不一样。"

　　听上去竟有点像"人不可能两次踏进同一条河流"一样让人服气。

　　石头送到的那天，我心急火燎地从公司赶去接车。从河北开车过来的司机小伙跳下车跟我说的第一句话是："你买这个干啥？这石头在我们那儿白送都没人要哩！"

　　汝之砒霜，吾之蜜糖。

　　我无暇理会他，迫不及待地撕开包装。刚出矿坑的石头蒙着一层厚重的尘土，看不出颜色。匆匆倒了一桶水上去，石板像是被一束光点亮，立马露出淡黄、浅棕杂糅的迷人颜色。很多石板的表面，还有类似某种苔藓类植物枝丫的花纹，仿佛古生物的化石一般——其实那只是氧化铁之类物质沿着石头内部的空隙沉积而成的。

　　我抚摸着那些花纹，心中狂喜：也不知道这是来自多少万年前的自然馈赠！同时，又颇有些焦虑，不知道能不能用好，才不至于辜负我这样的深情！

花园是用来玩儿的

造园之初，很多花友就提醒我，最好找专业的园林设计公司做设计，他们对空间感的把控，以及对各种材料的衔接更有经验。最重要的是，自己做太累了。

可是，但凡热爱，就不觉得辛苦。何况这么些年，本地所谓设计师设计的花园也看过不少，能入我眼的几乎没有。我可不希望花园里来一个千篇一律的葫芦（谐音"福禄"）状水池，池边景墙上挂个狮子头喷水，栅栏边再来一溜儿皮实耐阴的八角金盘。

时隔7年，我又找到了当年给我做第一个花园的项目经理。和7年前一样，设计制图、选材采购我都自己来，他只负责拉来工人队伍施工。拿着我的手绘效果图和平面图，他嘿嘿一笑说："我知道，你就是想自己玩儿，要是玩到一半太累了，可别怪我。"

是啊，我的花园，就是用来玩儿的。

我们的第一个小分歧，是关于户外廊架材料的选择。

他建议用铝合金做框架，理由是经久耐用、防虫防腐，前期制作和后期维护成本都比较低。而我坚持要用木材，在我看来，没有运用木材的花园，是生硬冰冷的。木材有种与生俱来的自然与质朴，每一寸都有时光的模样。年轮上，有一棵树年复一年的心事；树皮上，有一棵树日积月累的沧桑。

我很清楚，户外防腐木的缺点太多了。大概关于木材防腐的处理并没有行业标准可言，或者说不被尊重，很多防腐木并不能做到完全防腐防虫，不管是便宜的樟子松，还是昂贵的菠萝格。要知道，白蚁是不挑食的，而南方又是如此的潮湿多雨。

"栅栏就别用防腐木了，用铁艺的！不管怎样日晒雨淋，都干干净净，跟新的一样。"项目经理又在念叨。

"千万别，木材开裂了，最好还长些青苔出来，那才好看。"

"户外木地板就用某某牌木蜡油，刷好了以后地板都发亮，特别高档！"

"那要用多久才能掉漆、褪色？"

……

廊架下是户外休闲平台，占据了南花园将近一半的面积

花园入口处的网格栅栏采用的是更费时费力的榫卯
工艺，坚定、稳固

可能多数人会希望花园设施常年如新，漆水光亮的样子，但我反倒期待花园里的木头们能够早一点变得斑驳、黯淡。那种被岁月浸染的色泽和气息，更让人迷恋啊。

嗯，夏虫不可语于冰。

木工进场了，花园工地上那才叫热闹好玩呢。

泥工在用板岩砌花坛，太宽的要用锤子敲成小尺寸，"叮叮当当"；水电工拖着电线在各种材料之间腾挪穿插，空气里满是热熔机熔化塑料管道的气味；木工们的台锯、曲线锯的轰鸣和啸叫不绝于耳；射钉喷枪的气泵随时都在"哒哒哒"地充气。如今的木工为了省时省力，更多地借助电动工具工作。不过，遇到一些结构复杂，或者对强度有要求的部分，就由一位肤色黝黑的木工师傅独自一人在角落里制作。他用的还是那种老式的锉子，一手锤，一手锉，斜坐在一张宽大的条凳上，为了做一片网格栅栏，慢条斯理地开榫。

等待安装拱门花架的花园入口

　　我从小就喜欢看木工干活，喜欢看他们下料时审慎地弹下墨线，喜欢那种木材切割后散发的清苦气味，喜欢每一块材料之间严丝合缝的安全感。

　　和木工的沟通总是愉快高效的，大概是因为木匠的智商都要高一些？我想做的栅栏款式与常规的不一样，索性画了个图给他们参考，上面 1/3 用网格，下面 2/3 用横板，这样更方便在栅栏上牵引藤本植物。木工看了就说："不对，你这儿多画了一根。"我一看还真是，问他怎么看出来的。他说，一看比例就知道。

　　拜我的选择困难症所赐，几位木工也没少被我折腾。我提前做了两个色卡。一个以芥末绿为主色调，一个是灰蓝色的。我始终无法确定用哪一个。

　　芥末绿的调色真的很难。比苹果绿要黯淡，又比橄榄绿要温暖明亮。记得温莎牛顿的水彩颜料里有个颜色叫沙普绿，如果用这个色再调入一点棕色，再减淡，就对了。但现实情况是，我面对的是只有红、黄、蓝这些基础色浆的户外油漆。

　　画画的人得不到想要的颜色，这感觉大概跟写文章的人写不出心里的感觉一样难受吧。

　　我把按不同比例调出的颜色刷了好几块色板，然后把工地上每位木工都逮过来问哪个更好看。他们眨巴着眼睛说："这不是一样的吗？"

　　后来又调了另一款灰蓝色。跟木工们的对话就变成这样——

　　"蓝的好还是绿的好？"

　　"蓝的！"

　　"不可能吧，绿的这么好看！"

　　"嗯，你这么一说我也觉得。"

　　"算了，你走吧……等下，再看看，到底哪个好？"

　　"都好！都好！"

窄边的栅栏上部网格非常便于牵引铁线莲这类枝条纤细的藤本植物

　　到后来，他们就学聪明了，本来还扎堆在一起讨论着尺寸、款式，看到我拿着刚刷的木板走过来就一哄而散，抬材料的抬材料，锯板子的锯板子，被我问得最多的油漆工跟猴子一样"哧溜"就爬到了廊架顶上。

　　最终，木工队伍的工头"威胁"我，再不把颜色定下来，他们就要去别处干活了。我只好匆匆选定了灰蓝色。这种浅色容易受光线影响，光线偏暖，就灰一些，光线偏冷，又要蓝一些。

　　那几天，我没事就把拍的照片翻出来，盯着颜色看了又看，生怕不够好。我把自己的焦虑和朋友一说，朋友笑道："你这是打算要让花园流芳百世吗？过两年觉得不好看了，再换掉好了。"

　　是啊！花园里的植物可以更换，四季景象也可以变换，户外构筑物的色彩当然也可以再改变。给未来留点余地，不也很好吗？

　　真是醍醐灌顶。

花园步道尚未完成，花境也等待丰满

⁝种植，万物有成理而不说

造园从仲春持续到了初夏，一切看上去有条不紊，又有点慌慌张张。

其实对于花园的硬件，我并不是太期待，也谈不上自信，我最心心念念的还是种花。当硬件建设接近尾声，终于可以开始拌土、回填、挑选植物，我身体里那个充满元气的灵魂好像才被激活起来。

种植区的土壤经过了改良。把土层挖去了约50厘米，找了个拖拉机从附近山里拉来几车腐殖土，掺了中粗泥炭、珍珠岩、椰糠、有机肥拌匀。泥炭是非可再生资源，但新花园又没有堆肥可用，我只能尽量减少泥炭的使用量，等将来花园生长起来，有条件制作堆肥了，再逐步改良——原本，花园的种植土就是需要年年更新、追肥的。

至于花园植物，这可真是一个宏大的话题。

虽然自己这些年在种植方面积累了一些经验，但真要在一个全新的花园里布置自己喜爱的植物，那感觉真像是恋爱时见到喜欢的人儿，满心的情话却无从说起。

· · · · · · · · · ·

开了很久的车去远郊的苗圃找垂枝樱。我实在太喜欢这类蔷薇科木本了，早春开花粉白细碎，夏天枝叶扶疏，秋季黄叶，冬季落叶不遮光，树形又很是飘逸潇洒。苗圃主人是个和我差不多同龄的女子，她在 6 年前放弃稳定的工作，从美国引进了北美垂枝樱这个品种开始繁殖。当年背回来的一大袋种子，到如今成了绿树婆娑的 20 亩种苗基地。我问她："为什么要做这个？""因为我喜欢垂枝樱啊！"她扬起晒成小麦色的脸笑着说，"你喜欢淡色的花，那这里有适合你的。"

她带我绕到苗圃的一侧，一片小树林偏安一隅，有几棵树明显和旁边的垂枝樱不一样——大多垂枝樱的末枝下垂有如弱柳扶风，而这几棵主枝和侧枝都是向上挺立的。她说这是实生苗的变异种，一般垂枝樱实生苗需要 5 年才开花，但这几棵去年才 4 年苗龄时就已开过花，是白中带粉的颜色。

"那岂不是很像吉野樱？"

"是啊！别人会觉得这是残次品，我猜你喜欢，这棵就送给你了，给挖树的工人一些工钱就好。"

我开心得要跳起来。

花园里的乔木算是定下来了。我还从她的苗圃里选了一棵火焰梨花和一棵女神樱花，这些都是还没有在国内家庭园艺中推广的新品。那棵"高仿吉野樱"被种在花园西南角。早春，夕阳透过花瓣照过来的光线，想必是极温柔的吧。另一棵"原版"垂枝樱则种在了水池边，我将她打了顶，看上去就像一把在水边撑开的小伞。

棒棒糖月季'世霸'为花境提供了骨架

宿根或者常绿植物在种植区靠后位置,靠前的位置可以根据季节更换时令草花

花园门口的布置是最早完成的,绣球品种是'紫水晶'

做绣球种苗繁殖的朋友送了我一堆热门品种的苗,'花手鞠''灵感''万华镜''纱织小姐'……,我全部种植在了西侧花园的步道两边。绣球叶片宽大,夏天水分蒸腾得厉害,不能整日暴晒,但是缺乏光照又会让植株纤弱,开花不良,因此,半日照的侧花园是最适合种植绣球的地方了。到了冬季,绣球会落叶休眠,裸露的土壤不大好看,所以周围还要种上玉簪、矾根这类叶片宽阔又相对耐阴的宿根草本。

· · · · · · · · · · ·

搭配植物的时候，色彩、高度、观赏季节这类要素常被提及，植物的姿态比如叶片大小、质感却容易被忽视。曾有朋友很欣喜地说，麦冬耐阴又常绿，很适合种在绣球脚下。但这样的搭配让我感到很不舒服——细长又有革质亮光的麦冬叶片和绣球宽大轻盈的叶子站在一块儿，总有些违和感。

关于园艺这门实验美学，每个人的理解都不一样，往往还没什么道理可讲——天地有大美而不言，四时有明法而不议，万物有成理而不说。

好在，讲道理的人还是越来越多了。比如，国内园艺界开始有很多先行者开始提倡"极简"。园艺新手很容易陷入品种收集、盆器堆叠、杂货堆砌的误区，不经选择与取舍，将花园塞得满满当当、密不透风——曾经的我也是这样。

感谢这个新花园的出现，让我有机会审视、控制自己的欲望。确定了自己喜爱的花园色调以后，我的花园里大概只会出现白色、紫色、蓝色等偏冷的花色了。黄色、红色、橙色这类暖色系的花朵，当然也是很美的，可我偏偏不喜欢啊。

何况，若是想让花园的色调亮起来，不一定需要花色艳丽的观花植物，比如，彩叶植物就是一种很理想的存在。花叶锦带的金边很惹眼，尤加利树的灰蓝色叶片又那样特别，日本红枫'卡苏'的新叶是橙黄色的，黄金香柳的叶子蓬松又鲜亮。我还在一家苗圃碰到了一棵奇怪的金边假连翘，它因为芽变长出了一根叶片完全是金黄色的侧枝，我将正常的金边绿芯枝条都剪掉，把侧枝扶正种下，效果居然很不错。太多的草花和开花植物会让花园时常处于一种不稳定的危险状态，这很容易让人陷入疲倦与焦虑，便于打理、状态稳定的宿根彩叶植物才是解药。

金叶苔草这类宿根彩叶植物让花园在夏季也不至于单调

松果菊在夏季开花不断

白山桃草开花非常浪漫

南花园抬高的种植区为一片平坦的花园丰富了
层次

紫藤苗在夏季也生长旺盛

植物种植未过半，南方严酷的暑天就到来了。我内心焦灼，又只能暂停造园，毕竟小命要紧。闲时常去花园里观察已经种下的植物，偶尔也会趁着早晚凉快，把一些苗挖出来又换地方种下。物业的保洁阿姨和绿化工人都很喜欢来花园里溜达，看我忙东忙西，问这问那的。

"你这花园还没有我老家的菜地大呢，弄了这样久还没完。"有一回，保洁阿姨盯着南面空着一大块的花坛说。

"是啊，我好着急，天气一直这样热。"

"掰子（长沙方言，意为瘸子）担水，一步步来咯。"

第一次听到这样的歇后语，我都乐了。

没有哪个花园可以一蹴而就，每一年、每一月，甚至每一天都在变化。明天哪一颗种子要发芽，下个月蓝莓要结几颗，明年的樱花会不会开一树，谁知道呢？造园之乐，就在于这未完待续的状态吧！那种种无法预知的美好，在不知远近的那一天，轰轰烈烈地等着你。

方寸之地　四季更迭

图、文／柏　淼

知名园艺博主，95后，理工男，不务正业的珠宝鉴定师。热爱园艺，有9年的种植经验，擅长小花园设计，"绿手指园艺小讲堂"系列主讲人。

• • • • • • • • • •

原生郁金香'特特'

　　我家有个小院，地方不大，谓之"方寸之地"，倒也不算夸张。还有一个同样不大的露台，其边角处种了些许植物。除此之外，便是围着院墙建的两个狭长的花坛。这是我所有能拿来种植物的空间了。院子小，地方有限，零零散散地种了些花，尽管不敢谓之花园，但却是我的园艺乐趣所在。

　　种植和摄影，是园艺生活不可或缺的两部分。我在这方寸之地，种了不少自己喜欢的植物，看着它们经历春秋的风，冬夏的雨，一年年地变化。岁月的痕迹会在植物上留存，好比年轮之于树，新芽之于累果，一年又一年，见证四季的更迭。

　　小院的四季，随着植物的生长、开花、

园艺郁金香

落叶等诸多状态，有着不同的景象。很难说哪个季节是最美的，但要说繁盛，必是春天。"暮春三月，江南草长，杂花生树，群莺乱飞。"虽不敢和江南的庭院之春相比较，但是三月植物们萌芽生长，一派生机勃勃的景象倒真让我感到欣喜。

经历了一整个寒冬，逐渐升高的温度召唤着球根们的花期。三月是属于球根们的舞台时间，拥有缤纷色彩和各异姿态的郁金香、风信子、洋水仙都熙熙攘攘地盛开，真是好不热闹。我相信每个园艺人的春天，都会有球根植物的一席之地。这些季节性的球根可以丛植，可以混种，我喜欢把不同的小球根和其他植物混种在一起，有时候搭配一二年生的草花，有时候则选择宿根植物。花期过后直到自然枯萎，大部分球根植物还能在第二年的春天如约盛开，既是季节约定，也是年岁的往复。

仙客来

铁线莲 '美好回忆'

铁线莲 '斯蒂芬洽克'

铁线莲 '大河'

· · · · · · · · · ·

　　以前朋友们老是打趣说武汉只有两季——夏季和冬季。可我觉得呀，春天虽短，却足够让我细细观赏它的模样。人间最美四月天，细雨点洒在花前。如果说三月气温的回升预示着拉开了春天的序幕，那四月恰到好处的降水量，则代表春天进入了最繁盛的时节。古人云："好雨知时节，当春乃发生。"四月是晴晴雨雨的，植物们的花瓣，即使是湿漉漉的状态，也依然质感十足。这个时节最耀眼的，莫过于花坛里的铁线莲和朱顶红了。

　　对于有"藤本皇后"美誉的铁线莲，终于在这个时节得以展现它的魅力。刚上大学的时候，在花坛的角落靠着墙壁牵引了一株 '美好回忆' 上去，两三年过后，曾经的小苗出落得亭亭秀美，爬上了墙壁，攀附到了枇杷树的枝条上。天晴的日子，阳光透过粉白色的花瓣，每一朵花都轻盈地在风中招摇。花下还有朱顶红一枝枝地抽出，每一朵或单瓣或重瓣的大喇叭，都仿佛在说："你看，我在开花。"这种花茎笔直且花朵繁大又规整有致的球根植物，不需要怎么管理，但是每年都会回报以繁盛的容貌，着实让我着迷。

荷包牡丹　　朱顶红'花孔雀'

洋水仙'普罗'　　铁线莲'斯丽'

　　如果要说一年之中最热闹的时间段，我想一定是三至五月。这三个月里，每天都被时间赋予了神奇的魔法，不经意间花就开满了。初冬种下的角堇，在这个时节肆意地绽放着。角堇的花期很长，看着郁金香们的来来去去，陪伴了荷包牡丹的盛衰，还能继续和楼斗菜做伴，等待着初夏高温的来临。角堇的可塑性真是相当强，既可以单植做主角，也能和其他植物混栽，成为非常完美的配角。

　　这段时间尤其适合踏青，和三两好友去野外，记录野生植物独有的美。春日里的各类紫堇们是我的最爱，尤其是一丛一丛的夏天无，地毯一般地蔓延开来。这种植物真是有意思，盛于春，藏于夏，故名夏天无。

藤本月季'玛格丽特王妃'　　　　　　矮牵牛'伊丽莎白'　　　　　　夏天无

　　衔接了春和夏的五月，带来了足够的温度和日照，而此时的植物，每一株乃至每一片花瓣，都是闪闪发光的状态。朱顶红和铁线莲迎来了第二茬花，继续闪耀着它们的美。去年种下的藤本月季的牙签苗，经过一年的生长，进入了初露笑靥的姿态，和铁线莲的花期完美衔接上。层层叠叠的花瓣，芬芳甜美的腔调，让我彻底忘记冬季绑扎它们时被刺伤的疼痛。

疏花小苍兰

五月不只是热闹，更多的是色彩和气味的双重表演。百合、鼠尾草、忍冬、百子莲、月季、绣球纷纷大展身手，呈现了一场色香俱全的盛宴；而樱桃和蓝莓在这个时候带来了香甜多汁的味蕾感受。露台上有一小片百合，从曾经的几个球，到如今三四十个球，年复一年地盛开、壮大。盛花时节，我坐在院子里，风携带着百合浓郁的香气而来，很是招摇。

百合'布林迪西'

绣球'无尽夏'

山民江百合'款待'

　　春的巡礼结束了，开始迎接夏的序曲。六月的温度持续升高，只有绣球和鼠尾草还延续着初夏的芳华。我曾在院墙外的花坛里种了一整排绣球，每到开花的时候就被偷得七七八八，只存余一小溜'无尽夏'，因为我懒于调色，它们一直都是粉扑扑的。今年算是勤快了些，提前用了大量的调色剂，总算是蓝得有模有样了。萱草也是初夏的好朋友，耐热又耐湿，可惜单朵花期太短，只能"一日游"，遂种得少了些。

武汉素来有"火炉"之称，七月、八月真是植物的炼狱。除了日常浇水，我实在不愿踏入小院半步。偶尔会有植物的花开得惊艳，才会让我拿起相机认认真真记录一番。风雨兰在这时就成了当仁不让的明星植物了。朋友家的风雨兰要早开半个月，我的却日日浇水也不见开，加了肥料都没啥效果，一度怀疑它是在强行装蒜。出去玩的那几天，武汉下了一场雨，回来的时候就看到它已然开爆了，甚是感慨这一场雨的魔力。这种名字里有风有雨的植物，果真是要受到雨水的滋养才会盛开。

风雨兰'初恋'

· · · · · · · · · ·

　　夏天虽热，我也懒散，但还是有些植物一直在勤奋地开花。我觉得蓝雪花和铁线莲'如古'简直应该被授予"最佳劳模奖"，它们真的是"一年开一次，一次开半年"的典范了。如果论抗病性、开花性和耐热性，经典的老品种'如古'还是很值得表扬的。从四月末就进入花期，整个夏天都不休眠，能持续开到十一月秋末的霜期，花期真的是很持久了。然而，世人多爱新品和大花组的铁线莲，对于这样不够华丽、重瓣不多的品种经常不屑一顾，以致'如古'这类品种被所谓的"主流审美"生生埋没了，真是可惜。

　　七月流火，八月暑尽，九月、十月终于开始要凉爽了。我不认为武汉没有春季，但要说没有秋天，我倒是深表赞同。从短袖到长袖的舒适日子没几天，就立刻跳到了需要厚衣加身的时节。北方人常说"春脖子短"，要我说呀，武汉就是"秋脖子短"。小区种了许多桂花树，到了深秋时节，每天枕香入梦，连呼吸都是甜的。在我的印象里，秋天是甜美而温和的，这一切，只因有桂花的气息。

　　温度越来越低，仙人球开完最后一茬花就要进入半休眠期了，默默蓄力为明年做准备；月季还有零零星星的残花，没有什么看头。粉白色的白肋朱顶红，从夏到秋，一直都有惊喜，配上在花坛和院角的空隙里种的彩叶草，感觉颜色一下子就丰富了起来。

朵丽蝶'蓝宝石'

白鹭莞

蓝雪花

仙人球短毛丸

　　历经了夏天的酷热，秋天的蓝雪花还在不知疲倦地开着，而后一直到霜期之时才结束它的使命。白鹭莞那星光点点般飘逸的小花，大概也知道热闹的时光所剩无几，静静地等着由白变黄的时节来临。秋天对有些植物来说，是萧瑟的，是对即将终结的预告。但是对于这个时节播种的植物而言，却是新的开始。

　　秋天适合晴耕雨读。天晴的时候播种、移栽，下雨时依窗而坐，写写稿子，读读书。秋播正当时，林林总总算下来，有些植物每年都会出现在我的种植清单上。从我上大学一直到毕业，要是让我选一种每年必种的植物，那定是我所钟爱的香豌豆了。四年来，每个春天都有香豌豆的身影，无论是它们富有魅力的色彩，还是甜美的香味，都让我在每个风暖日晴的春天无比期待它们的盛开。为了让这种怕热的小豆子在春天正常开放，我每年秋季就要播种、移栽、定植，这样它们才能赶在酷暑来临之前完成盛花期的狂欢。

白肋朱顶红

秋意渐浓，霜期已至，这一年的欣欣向荣也落下了帷幕。金焰绣线菊和羽毛枫在落叶之前准备了一身华服，片片燃尽秋意。小院和花坛逐渐有了萧瑟之感，大多数植物或是准备进入休眠，或是结完种子准备新一年的轮回。霜期之前就已埋下的酢浆草陆续开始盛开。这个时候，要为春天的色彩做准备，埋下各类小球根们，定植角堇、矮牵牛、虞美人和六倍利的小苗。初冬的这段日子，要做的事实在太多了：修剪完了月季，绑扎上墙；清理完了铁线莲的残枝败叶，换土换盆；将不耐寒的植物们一一搬入三楼明亮的大厅里越冬。

金焰绣线菊

也许这段时间是我的小院最无趣、最不热闹的时候，没有花香盈门，也没有蜂围蝶阵，但是却也让人对冬春的繁盛充满了期待。我喜欢记录秋播植物的生长过程，观察它们从一粒粒小小的种子到最后开花结实的每一个阶段，而这个过程也是岁月的沉淀。角堇陆陆续续地开了一点，零零散散的花不成规模，但是每一朵初花的绽放，都能让人为生命的美好感到喜悦，因为这预示着来年春天的斑斓、热闹和繁盛。

羽毛枫

垂筒花

· · · · · · · · · ·

　　也许每年冬天不一定会有雪花，但是一定会有仙客来。在我这方寸之地，它是冬天里最浓烈的风情所在。仙客来的美，不只在于这么信、达、雅的名字，还在于它长达半年的花期，以及可热烈可柔和的色彩。

　　屋顶的垂筒花也在这个时节盛开，它在夕阳的余晖里随风而动，秀气香甜。我会盯着它看许久，直到夕阳徐徐落下，在这一串一串的小喇叭上投下最后的光辉，迎来华灯初上的夜。

　　大雪不期而至，一夜之间覆盖了露台和花坛的每一寸地方，一切又会归于宁静。可是我知道，在这皑皑白雪之下，孕育着新生。

仙客来

垂筒花

酢浆草'小橘饼'

图书在版编目（CIP）数据

听，花园的声音 / 兔毛爹主编 . — 武汉：湖北科学技术出版社，2019.1
ISBN 978-7-5352-9618-4

Ⅰ . ①听… Ⅱ . ①兔… Ⅲ . ①观赏园艺 Ⅳ . ①S68

中国版本图书馆CIP数据核字（2018）第280287号

策　　划：唐　洁
责任编辑：刘志敏　魏　珩　童桂清
特约编辑：杨　迪
封面设计：胡　博　陈　帆
督　　印：朱　萍

出　　品：湖北绿手指文化科技有限公司
出版发行：湖北科学技术出版社
地　　址：武汉市雄楚大街 268 号（湖北出版文化城 B 座 13-14 层）
邮　　编：430070
电　　话：027-87679468
网　　址：www.HBSTP.com.cn
印　　刷：武汉市金港彩印有限公司
邮　　编：430023
开　　本：787 x 1092　1/16　14 印张
版　　次：2019 年 1 月第 1 版
印　　次：2019 年 1 月第 1 次印刷
字　　数：180 千字
定　　价：68.00 元